山を育てる道づくり

図解 これならできる

安くて長もち、四万十式作業道のすべて

田邊由喜男 監修
大内正伸 著

農文協

はじめに

二〇〇三年七月、友人の編集者から「四国に行くなら高知の大正町の林道、高密度路網を見てくるといい」との情報を得た。その林道づくりの中心人物、田邊由喜男さん（当時、大正町職員）に、直接電話して現地を案内していただいた。

その道は、形態そのものが斬新であったが、急峻で雨の多い高知の山中で、現地の素材だけで崩れない林道ができている。そこには西洋経由の土木技術にはない、見事なアイデアが結実していた。言い換えれば、日本の気候風土でしかできない手法である。しかも間伐材が構造物に活かされている点で、拡大造林時に植えられた現在の人工林にぴったりの方法なのだった。

同年、取材レポートをホームページにアップし（『未来樹　２００１と大内正伸のＨＰ』／日の出日記235、現在閲覧不可）、二〇〇六〜七年にはその技法の概略を『現代農業』誌上に連載「崩れる林道　崩れない林道」として発表する機会を得た。林野庁も田邊さんの技術を高く評価し「四万十式・低コスト作業道」と銘打って本格的な普及を始めた。現在、田邊さんはその指導に全国を飛び回っており、四万十町へは作業道への視察者が年間一〇〇〇人以上も訪れるという。本書はその新しい林道づくりの全貌を、図と写真を交えながら詳しく解説するものだ。

間伐遅れの山を「伐り置き間伐」で環境を回復させることも急務だが、そこに道が通っているなら、やはり運び出して使いたいものである。材価が安いとはいえ、崩れない作業道ができるなら間伐材で利益を得ることも可能なのだ。次の間伐でまた換金することが確実にでき、中・大径木を温存し、少しずつ出材しながら、実生（自然に生えてきた苗）を育てたり、択伐によってやや大きく開いた空間に部分植林するような森林管理・経営も可能となる。それは将来の木材資源のためにも、森林環境の保全のためにもベストな、新しい時代の造林手法といえるだろう。

道をつくることで雇用が生まれ、道があることで新たな森林管理や林業経営の手法が生まれ、道を使うことで森林機械の改良がなされる。かつて林道は環境破壊の代名詞のようなものであったが、この「四万十式作業道」は日本の林道の概念を大きく変え、土木工学の見地からも注目されると確信する。

豊かな森の道を散策する喜びは格別である。この道づくりは林家はもちろんのこと、山暮らし、農家、あるいは森林ボランティアに新たな視点を与え、これまで林業に無縁だった市民にも迎えられることだろう。

大内正伸

目次

第3章　新しい山の道のつくり方《計画篇》

第4章　新しい山の道のつくり方《作業手順篇》

囲み記事

イラスト　大内正伸

DTP・レイアウト　神流アトリエ

第1章　山に道をつくる――「四万十式作業道」の魅力

山に道ができるとどうなる?　作業道づくりの魅力とその可能性を紹介する

木と森の文化を復活させる道

四年前、東京から群馬県の藤岡市にある山村に移住した。もともと自然や山が大好きで、森林ボランティアがきっかけで林業技術書を書くまでになってしまったのだが、今度は森の素材を取り入れる山暮らしを実践し始めたのである。

築百年の古民家をアトリエとし、隣接する傾斜畑も借り受け、薪の火を使う暮らしをしながら、自ら山の手入れ（間伐）を始めた。林道はなかったが、敷地に山が隣接しているので、短く伐って担げる材は人力で運んだ。

スギ・ヒノキは通直で、素人でも伐りやすい。材としては古民家の改装や、ちょっとした家具づくりに便利な素材である。燃料としては広葉樹薪に比べ火もちは悪いが火力は強く、割りやすく乾きやすい。火勢がすぐ上がりカマド調理に向く。スギ葉は焚き付けに最適の素材であるし、スギ枝（荒廃林には枯れ枝が多く堆積、伐採したときも大量の残滓として出る）は囲炉裏でとても使いやすい。

山に暮らし始めて、あらためて木という素材に

雪折れのスギを伐倒して運び出す。通直で軽いスギは、女性でも担いで運べる

クサビで割り、ヨキではつる。製材機がなくても丸太から板は穫れる。ゴミの木っ端は、カマドや囲炉裏の大切な燃料

右、アトリエで囲炉裏を楽しむ。スギ枝などの伐採残滓は囲炉裏に最適の燃料。左、移動できる鋳物のカマドを使って外で調理。スギ材は割りやすく乾きやすく、火力が強い

感じ入った。木は加工しやすく、丈夫で、廃棄するときは燃料として使え、燃やした後の灰は畑にまけば肥料になるし、台所洗剤にも使える。まったくムダがないのだ。しかも灯油やガス代が節約でき、山が手入れされれば安定した水を得ることができる(アトリエの水源は沢水である)。

この素材が、日本の山では、うまく管理すれば無尽蔵に生まれ、育つのだからありがたい。しかしそう考えると、このようなすばらしい資源を山に放置したまま、現代人があまりにも使っていない現状に愕然とするのである。

もし、いま山に軽トラや軽バンの入れる作業道が縦横にあれば山仕事はもっと容易になり、山林所有者や森林ボランティアの活動範囲も大きく広がることだろう。また、道を利用して自分たちで材を出すことも可能になる。そうなれば間伐に向き合う真剣さが変わってくる。薪にするだけでも「材を使う」という感覚が生まれ、山を見る目を大きく変えてくれるのである。その前提となるのが、――道だ。

農家も利用できる道づくり

かつて山村では、現地にある木や竹、土や石だけ

今の道と昔の道
コンクリートはさみしい
昔の道は花も咲くし動物も棲める

で土木構造物をつくっていた。それは定期的な管理を要するものだけれど、驚くほど堅牢なものが多い。本書で紹介する四万十式の作業道も実はその延長上にある。

今はチェーンソーと重機があるから速いスピードで作業ができる。高性能の4WD車、キャタピラのついた林内作業車があるから、その走行能力に合わせた道をつくればいい。

現代の先端技術の道具を使いながら、かつての山村の知恵を活かしていくのだ。山を観察し、自然の力を読み、強引な破壊をせず、丁寧なつくり方をするなら、西洋流の近代土木構造物よりもはるかにローコストで頑丈な、そして美しい道ができる。

「いい林道は自然を豊かにする道具、悪い林道は自然破壊、たくさんのコンクリートを使う」と四万十式の提唱者、田邊由喜男さんはいう。コンクリート構造物を否定するものではないが、作業道には「それでなければどうしても保たないところ」以外は使わないほうがいい。

四万十式の作業道は現地で出た間伐材（道づくりに邪魔になる支障木）、その根株、表土や広葉樹の幼樹、現地の石などを徹底活用して道をつくっていく。現地素材による構造物と、自然緑化をうながす

道ができれば手入れは簡単。そしていつでも木をお金に変えられる。田邊さん自らバックホーを運転してつくった四万十式の作業道

手法で、山の破壊度は工事中も完成後も旧来の手法とは比べ物にならないくらい低く、環境的にも優れている。そして工事費が安い。

このような道づくりのコツは、農家や山村に暮らす人たちにも非常に有益なものである。急斜面に作業場を持つお茶やミカン農家の道づくりに使えるし、山暮らしでは崩壊した場所の補修や、自然水路を維持する方法などに応用が効く。

また、水鳥と共生を図る自然農、冬季湛水型水田（ふゆみずたんぼなど）で農地と山野との緩衝地帯を考えるときも、土木工事の参考になるはずだ。

現場から発想、設計図はつくらない

今から約一〇年前、田邊さんは高知県の旧大正町で農業の基盤整備の仕事に従事していた。その後、林務に配属された。配属されて、補助金を投入しながら目に見えた成果があがる農業関係に比べ、お金を投入しているのになかなかよくならない、伐り捨て間伐のみで換金できない林業というものに愕然としたという。これを打破するには「とにかく山に道を入れて木を出すしかない」と考えた。それが作業道づくりの出発点だった。

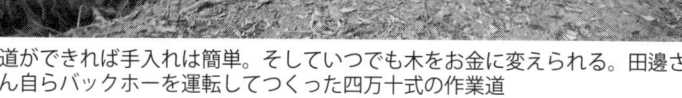

四万十式作業道が入って３年目の森林。ヒノキが太りだし、広葉樹が旺盛な生長を見せている。道が自然にとけ込んできた

田邊さんは代々の山林を持つ高知の山村の生まれであり、山は幼少の頃から生活の一部である。バイクや車などの乗り物が大好きで、高校生のときにはすでにバイクで北海道を旅するほどの行動派だった。作業道づくりを思い立つと、全国の林道づくりの現場を訪ね歩き、ときに教えを乞い、その利点を吸収して独自に改良と工夫を重ねていった。

作業道づくりは、図面や数字を排除することで、極端なコストダウンが可能になる。一般の土木工事では、まず図面が必要になる。そのために測量が必要になる。描かれた設計図から数字を拾って（たとえば土工なら移動する土量の体積を計算・集積する）、作業単価をかけ算する。その総体で工事費を出していく。そして図面通りにできているかどうか、最終的には検査が必要になってくる。

しかし、これを作業道づくりでやると、とたんに仕事のスピードが鈍る。そして事務仕事が煩雑になり、その手間で結果的に単価がどんどん跳ね上がっていく。そもそも、地形図と実際の山の地形は合致しないことが多いのだ。

また、雨水排水を合理的にするために、意識的にアップダウンをつけたり、道の傾斜を変えたりする。これも図面では指示できない。バックホーのオペレーターが自分の感覚で自在にアレンジしなければならない。

一般に技術者は前例や数値にこだわる。そうしないと伝わらないような気がするし、いざというとき

（失敗したとき）数字に逃げることができる。設計図がないと行政の人は不安になる。しかし、作業道そのものの性質が、スケールの小ささと日本の山の諸条件の細かさが、すでに設計の段階から近代土木の手法を拒むのである。

田邊さんはまず理詰めでコストダウンの方法を考えた。集材・運材の機械にかかる経費、それに見合う道幅や勾配。一日に何㎥の材を出せるか。どのように人員を配置したら理想的なのか。

そして徹底した現地主義、経験主義で、失敗を繰り返しながら、独自の手法にたどりついた。巻き尺も測量道具も持たず、感覚で「どこに道をつけたらいいか」を身体に叩き込んだ。それを自分の言葉で作業者に伝えて、後継者を養成しているのである。

"放置"から"再活用"へ、変わる山づくり

日本の私有林は小規模所有者が多い。山村は過疎化し、山林所有者の多くは高齢化し、手入れを放棄している例が大多数である。次世代の山林継承者はすでに町に家を建てており、連休や盆暮れしか戻らない。いずれ山林の境界すら解らなくなるだろう。

四万十町の山林で指揮をとる田邊由喜男氏。いつも現場に朝一番乗り

いや、すでにそうなっているところがたくさんある。

行政や森林組合は「伐り捨て（伐り置き）」でもいいから間伐することを薦めるが、現実的にはみな腰が重い。著者の住む山村では、各戸のお年寄りたちが、多かれ少なかれ山林を持っている。しかし自分の敷地の草刈りの手入れすら追いつかず、「とても山林まで頭が回らない」という。なにしろ公道の草刈りでさえ刈り手が足らず、除草剤に頼っているのが現状なのだ。

しかし、本当のところは、先祖から受け継いだ木を換金できず伐り捨てるのは、やはり忍びないのではなかろうか。実際、私も山村に暮らし始めて、その心情はわかるような気がする。

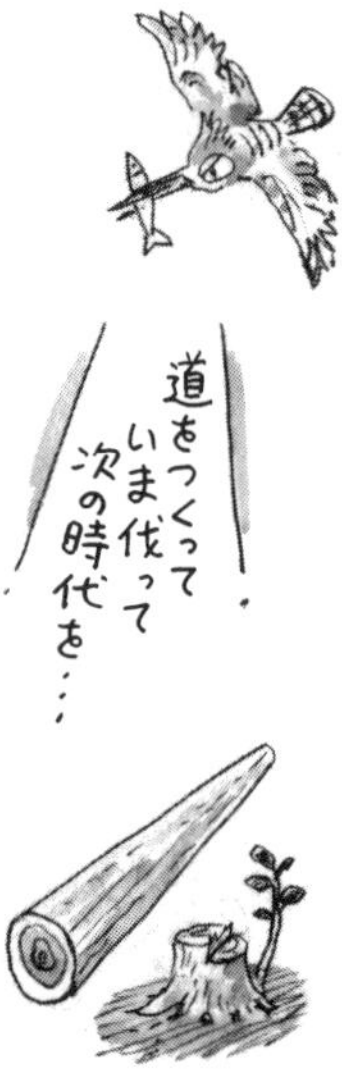
道をつくって
いま伐って
次の時代を…

田邊さんの指導で法線（道の入れ方）を学ぶ。講習会では山の中を何度も徹底的に歩かされる。群馬県沼田市根利にて

ところで「間伐材が使われないから間伐が進まない」とはよく言われることだが、実際には、間伐材を集材して市場まで出すには大変な手間がかかるから、引き合わないのだ。しかし四〇～五〇ｍピッチで作業道が入れば、樹高二〇ｍの木は道ばたで集材でき、手間は激減する。

　では、そんな道を入れる手間賃と、その道を利用して間伐した手間賃と、その材を市場で売ったお金を差し引いて、山林所有者にお金が落ちることになったらどうであろうか？

　所有者には、差し引きのお金の他に、環境的に甦った間伐された森と、崩れない作業道が残る。道があるので次回の間伐ではもっと多額の間伐収入が約束される。一度、道と間伐作業が入れば、境界もはっきりするので、山を相続するにも安心になる。ローコストな四万十式作業道なら、このようなことが可能なのだ。

　そしてもしこれが広範囲に達成されれば、その地域は将来、一大林業地として頭角を表す可能性も出てくる。そういう意味では今がチャンスなのだ。間伐遅れの山でも、中にいい木は必ず残っている。今まさに間伐を待っている胸高直径二〇～三〇㎝程度の木なら、根株を重機で掘り起こすことも可能だ。

今、間伐しておけば、残した木は生長量が大きい。
「前の資産をいま食べているところは将来ダメになる」「いま伐って、次の時代を生き残る」と田邊さんはいう。急がねばならない。そのための作業道なのだ。

四万十町のバックホーオペレーター、中川松勇氏の実演を見守る講習参加者

四万十式作業道では、掘り出したその根株は、植生を早く回復させるための構造物として重要な素材とする。現地素材を多用するので、結果的に山に工事の残骸ゴミが残らない。地形に合わせたコース取りで切土は最小限にするし、その作業工程で谷側に石や土を落として木を傷つける心配もない。かつては「道を入れることは山と木を壊されること」と心配する人が多かったが、そんな人にもこの四万十式なら安心だ。

着手して一〇年が経ち、台風のメッカである高知でも崩れない四万十式作業道は、いま国や企業からも注目を集めている。この手法で成功し始めているところも出てきた。林野庁では群馬県沼田市にある「林業機械化センター」で、低コスト作業道づくりの研修者の養成講座を行なっている。

四万十式作業道の特徴は？

では四万十式作業道はこれまでの道とどこがどうちがうのか？　詳細は第2章で図説するが、まずはその特徴を、次ページの写真で見てみよう。

＜写真1＞は、四万十式作業道が入った山を遠目

これが四万十式作業道の特徴だ!

自然に優しい

道が見えない

<写真1> この山の中に何本も作業道が入っているが、開削幅の狭い四万十式の道は遠目からは判別できない。それほど環境調和的

舗装された大型林道。走りやすさを優先すると、たくさんのコンクリート構造物が必要になり、山を破壊する

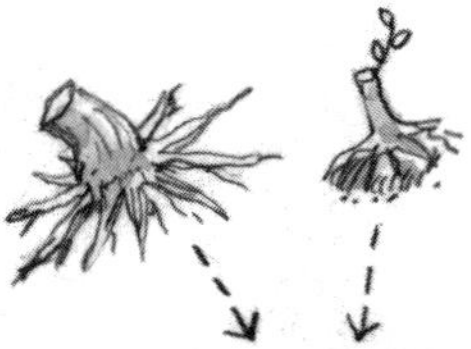

のり肩の根株
(あとから埋めた)
に注目!

半切り半盛りで土工量半減

切土が低い
しかも垂直

<写真2> 作業道近景。根株と表土を使った画期的な盛土法で、土工量を軽減。切土も低くできる

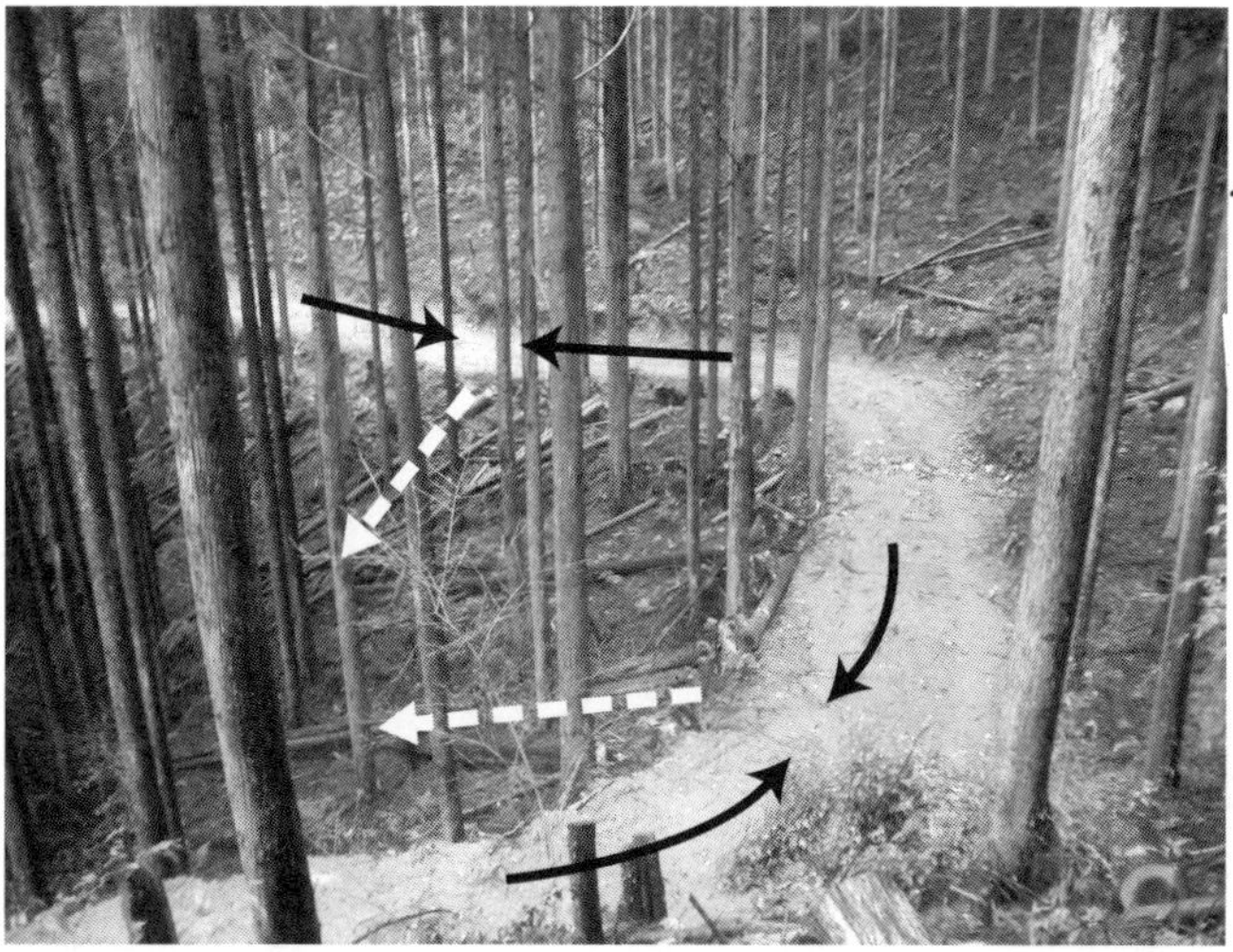

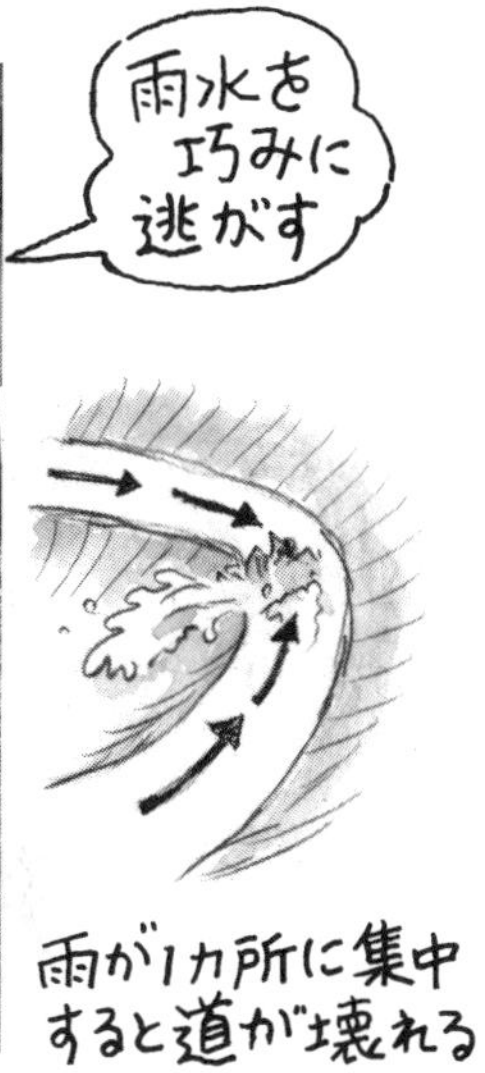
雨水を
巧みに
逃がす
雨が1カ所に集中
すると道が壊れる

<写真3> 地形に合わせた道をつけるので曲がりやアップダウンが多いが、それを利用して雨水を分散させ、切土も低く保てる

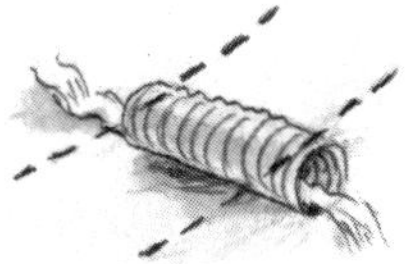

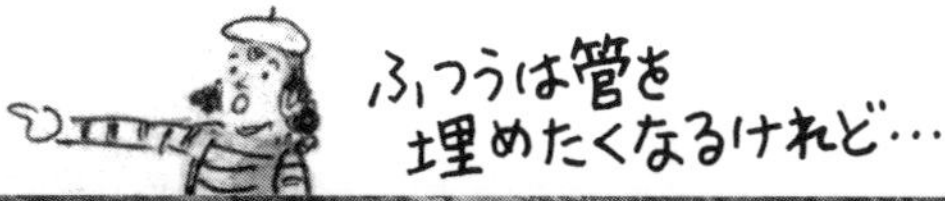
ふつうは管を
埋めたくなるけれど…

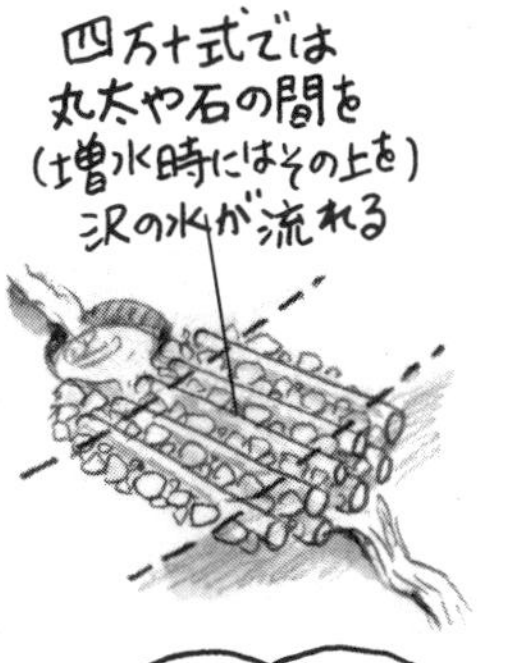
四万十式では
丸太や石の間を
(増水時にはその上を)
沢の水が流れる

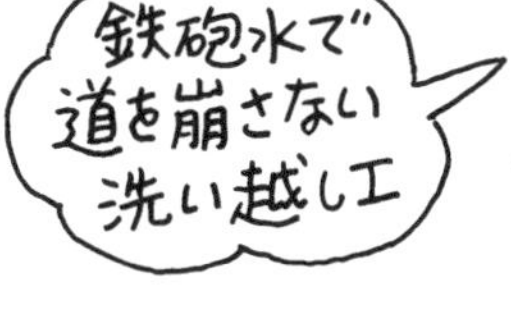
鉄砲水で
道を崩さない
洗い越し工

<写真4> 沢の横断は、増水時には道の上を越流する「洗い越し」で崩れない。横断部には通水しやすい石や丸太を敷く。細い流れでは、通常時は伏流する

から見たものだ。外見からはその位置がうかがい知れない。これは道の開削幅が狭く、しかも木を道のぎりぎりまで残しているからだ。

そのすぐ下の小さな写真は山肌を走る一般道の写真だが、走りやすさを優先すると道は直線的に、しかも一定勾配を保とうとするので山を大きく削ることになる。

〈写真2〉は、四万十式の作業道の近景である。中央道のぎりぎりまで木が残してあるのがわかる。中央に立つ女性は身長一六〇㎝。その道幅と切土の低さのスケール感がわかるだろう。後述するが、低い切土は雨にも強い。路肩には伐り株が見えるが、これは道をつくったときに出た支障木の根株を、ここに構造物として埋め込んだもの。

〈写真3〉地形に合わせて道を延ばすのでカーブやアップダウンが多いのが四万十式作業道の特徴だ。雨水は側溝などを使わず、道の谷側へ自然流下で分散排水させる。そのためにも、曲がる道、アップダウンのある道は、水を集中させることなく排水がしやすい。

〈写真4〉沢を横断するときは「洗い越し」工法で通過。暗渠や橋を使わず、道の上を越流させる方法を採る。水が流れる矢印の路面は、他と同じように見えるが、下には水が流れやすく、しかも強固になるように、丸太や小石が充填されている。

台風銀座の高知県でも崩れない耐久性

既設の林道が崩れる原因は、そのほとんどが雨水によるのり面崩壊や路面の洗掘にある。雨に強いということは、作業道にとって強い耐久性の証しに他ならない。

気象庁アメダスデータ http://www.jma.go.jp/jp/amedas_h/ によると、四万十式作業道が最初につくられた高知県四万十町大正で、二〇〇七年七月十四日、日雨量三六九㎜の豪雨を記録。このときの時間最大雨量は四六㎜。同窪川では日雨量四六二㎜、時間最大雨量四七㎜だった。また、四万十町大正では二〇〇四年九月十六日に、時間雨量八八㎜という記録もある。この年の八月の月間雨量は九三九㎜、九月はなんと九九五㎜という、驚異的な雨量を記録している。

九〇〇㎜というと、ヨーロッパ諸国の年間総雨量を超える値で、日雨量三〜四〇〇㎜は地形条件の悪いところなら大水害が起きてもおかしくない。時間雨量は二〇㎜以上で災害の対象になる。それが八八

㎜である。長期間の大量の雨でも、短時間の集中豪雨でも、これで崩れない道なのだから、四万十式がいかに強固な作業道かがわかる。
ただし、四万十町の山はレキ混じりの粘土で、締め固めると強固な路面ができ、土質としては元々雨に強いといえる。また、植物の繁茂も旺盛で、表土ブロック積みの緑化効果も早く出る地域ではある。しかし林道の最大の敵は「雨」ということを考えるなら、それを差し引いても、全国に普遍的にさまざまな応用が効く技術といえる。

コストは従来の半分以下

四万十式の作設コストは安い。従来の半分以下である。なぜそうなのか。箇条書きで上げてみよう。

・測量なし、図面なし。
・現場打ちコンクリートなし、ヒューム管などの二次製品なし（現地素材利用）
・路面にジャリや砕石も敷かない
・人員は二人でできる
・最小限の土工
・残土がでない（残土捨ての手間ゼロ）
・丸太組みは最小限
・一回で使い捨ての道でなく、半永久に使える道

コンクリートや二次製品はその材料代だけでなく、現地までの運搬費、そして施行図面が必要になり、どうしても全体の金額が跳ね上がる。たとえ

ば蛇籠《じゃかご》（のり面補強用）をちょっと使うだけでも、一〇〇万円くらいはすぐにかかってしまう。路面に敷くジャリや砕石自体は安いが、運送費でやはり一m当たりの単価は一〇〇〇円は高くなってしまうのだ。

　のり面に関しては根株と後述する表土ブロック工法を用いれば既製の構造物は不要だし、路面についてはたとえ土質が悪くても、心土をかぶせて転圧し、現地の石を利用、排水をうまく考えてやれば克服できる。

のり面に丸太組みと蛇籠を使った例。根株と表土ブロック積みならこれより大幅にコストダウンができる

　残土捨ての手間がないことも大きい。たとえば和歌山県のある例では、四万十式以前は切土高三mの道で、残土処理にダンプ一台と運転作業員が必要であった。残土が余ってしまい、他所へ捨てに行ったのである。このときの作設行程は二〇m／日だった。ところが四万十式を導入すると、切土が低くなりその土は盛土に転用するので残土は出ない。ダンプも人員も必要なくなり、結果五〇m／日の工程になったという。

　また、作業道と架線集材の作設単価を比較してみると、四万十式の作設単価は一五〇〇～二〇〇〇円／m。一haあたり二〇〇mの路網をつくろうとすると三〇～四〇万円でできる。これに対し、架線集材の場合、五haの伐採で五〇〇mスパンのエンドレスタイラー式架線および集材機の架設・撤去費用は、一ha換算で同じく三〇万円である。

　作業道を半永久的に使えるとしたら、今の時代どちらが得だろうか？　架線集材は熟練を要するが、作業道と車両系システムは誰でも集材可能という利点がある。

　「皆伐一発勝負であとは知らない、ではなく、循環してぐるぐる回したほうがいい。大きくなる林業機械とは逆に、小さな精鋭チームがたくさんいて、その雇用が長く続く林業がいい」と、田邉さんはいう。同感である。

あらゆる施業に対応可能

そもそも「間伐」という語は、将来の「主伐（皆伐）」に対する準備施業という意味をもつ。ところが今、拡大造林時に大量に植えられ育った人工林は、成熟期の「主伐」の時期を迎えつつある。ここに作業道ができた場合、もはや間伐は間伐ではなくなり、間伐と主伐の境界がなくなる。

木が取り出せ使えることで、山が本物の財産になる。それにはやっぱり「道」がいる

道という基盤整備ができれば、あとはいかようにも施業形態を変化でき、事業としてのプランも広がる。通常の人工林施業はもとより、非皆伐施業、複層林施業、長伐期施業、針広混交林施業、広葉樹施業、なんでもＯＫなのである。

「林業を事業として成功させるには、人と同じことをやっていてはダメ」（田邉さん）である。森林所有者の創意工夫による施業が大切になっているが、その創意を生かすにはまず第一に崩れない恒久的作業道、林内路網がなくてはならない。四万十式を応用すれば、それが大変安い単価でつくれるのだ。

注文材生産に最適

作業道があれば、通常の市場に規格品として出回らない材、たとえば「通し柱のスギの長材が欲しい」というような注文にもすぐに応じられる。現場に急行して伐ることができるからだ。

実際、「七ｍの通し柱に使える材がどうしても欲しい、値段はいくらでも高くてもいい」というような注文があったという。最近は五ｍの通し柱を使って、下をガレージにする、というような建築もあるので、将来的にも注文材の要望の幅は大きい。

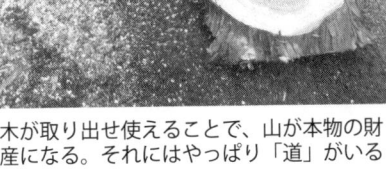

女性だけで集材・運材する四万十町の森林作業チーム。これも作業道があればこそ

軽4WD車で作業場へ。雨や緊急時にも安心

今なら、広葉樹材が不足しており、ケヤキやカシ、ミズメなど有用材の単価が高くなってきている。これらの樹種を特定して山から伐り出すこともできる。市場が近くにあれば、伐り出した材数本でも即換金できる手軽さが、道が入ることで可能になる。

林家のアイデアを活かせる山に

つまり山主、林家のアイデアが今以上にもっと生きる経営に変えていくことができる、ということだ。

四万十式のレイアウトについては第3、第4章で詳しく見ていくが、作業道は作業区分の境界や、施業の足がかりになり、林業に大変な恵みをもたらす。たとえば車で移動できるということは、そこで働く人にとって大きな安心感をもたらす。雨のときはサッと帰ることができるし、緊急の怪我などにもすぐに対処できる。

また、林産材収益としての林業だけでなく、道があるおかげで、観光林業、市民や子供たちへの体験林業、グリーンツーリズムなどにも安心して場所を提供できる。

環境教育に森林が活躍する時代であり、「森林療法」と

昆虫採集ができる道
小さな林道の
サイズと空間が
いろいろな使い道に

いうような代替医療にも山が役立つ時代になっている。作業道をそれらの散策路と置き換えるなら、また新しい発想が生まれよう。

林内に花咲く木を残して四季折々の花の山に仕立てたり、子供たちの昆虫観察・昆虫採集の山になるように、カブト虫やクワガタの集まる樹木や、オオムラサキやミドリシジミ類など、森林性のチョウを集めるような樹種を積極的に残したり、植樹したりするプランも考えられる。

人が歩くだけの登山道では、老人や子供、車椅子の障害者などは山に入りにくいが、軽トラの入れる「作業道」ならさまざまなアイデアが活かせる。最近では、環境保全や景観づくりに関わる補助金が各方面から出ている。それを利用して事業を展開することもできるだろう。

山村に新しい雇用が生まれる

四万十式作業道の周辺と伐採集材に関わる人たちを見ていると、若い人や女性が増えていることに驚かされる。四万十町の現場では、若い女性二人のチームがグラップルと林内作業車を使って集材作業をしていた。彼女たちは、都会からのアイ・ターンで、

林野庁森林技術総合研修所「林業機械化センター」で、四万十式作業道づくりを習得する２０代の若いオペレーター

ここに来るまでチェーンソーも使ったことはなかったという。早くから集材から販路までシステム化・合理化している四万十町では、この女性たちにも大卒新卒者以上の賃金（月給制）を払っている。

著者は各地で行なわれている四万十式作業道づくりの講習会、あるいは群馬県沼田市にある森林技術総合研修所「林業機械化センター」での低コスト作業路技術者養成研修に、何度か参加しているが、若い二〇代、三〇代のバックホーオペレーターの中に、優秀な人を何人も発見している。

誠実で向上心があり、しかも自然の中での作業が好きな若い人は、この四万十式を覚える技術者にぴったりだと思った。彼らは小さな頃からゲーム世代で、ボタンやハンドル操作でモノを動かすことに慣れている。いま、車の運転、バックホーの運転、高性能林業機械の運転は、みな油圧式、ボタン式で、腕力は必要としない。もちろん、現場は山なので体力や胆力は大事だけれど、機械操作で一番必要とされるのは知識とセンスである。林業は機械化のおかげで女性も働ける現場になったのはまちがいない。

加えて、四万十式作業道は「山を破壊する」というネガティブさがごく少ない。むしろ、この作業道を入れることで、山が豊かになり、山林所有者に喜んでもらえる。仕事自体に、自然をよい方向に再創造するという根源的な喜びがあるのだ。木を伐って売る、というストレートな手応えが得られるのもいい。今どき、こんな仕事がほかにあろうか？ そして日本全国には、作業道を必要とする山は無尽蔵にあるのだ。

もう一度、田邊さんの言葉でこの章を締めくくろう。

「皆伐一発勝負であとは知らない、ではなく、循環してぐるぐる回したほうがいい。大きくなる林業機械とは逆に、小さな精鋭チームがたくさんいて、その雇用が長く続く林業がいい」

四万十式作業道は新たな雇用を生み出し、山村活性化の切り札になるはずだ。

軽トラで端材を持ち込んで、気軽に換金

田邊さんの四万十町では、木材市場を二つつくった（管理は県森連）。ここは所有者が軽トラで木材を持っていっても現金化できるシステムになっている。三ｍ以下の木材、端材でも換金可能で（現在は、月締め後払い）、軽トラに材を積んだまま、ハカリに載ると、重量が出てすぐに計算してくれるという計量器が設置されている。

その端材、以前はホームセンターなどで売られる植木鉢などの加工用だったが、現在は集成材に加工されるという。

山で集材の残りを集めて自ら市場へ。軽トラ一杯分の端材が三〇〇〇～四〇〇〇円。作業道があればこんなことも可能なのだ。

「伐り捨て間伐の仕事だけだと、なんかむなしくて……」と森林作業者の友人のつぶやきを聞いたことがある。木材を自分で換金できる、木材を使う喜びにつながる。これは、山に関わるすべての人の顔をパッと明るくさせる、精神的にも非常に大切な変革なのだ。

最近の設備は、端材も高価な素材として引き取られる傾向にある

軽トラがそのまま載って計量できるハカリ

第2章　新しい作業道づくり——「四万十式作業道」とは

四万十式の道づくりは従来と何がどうちがうのか？　その発想と構造を整理する

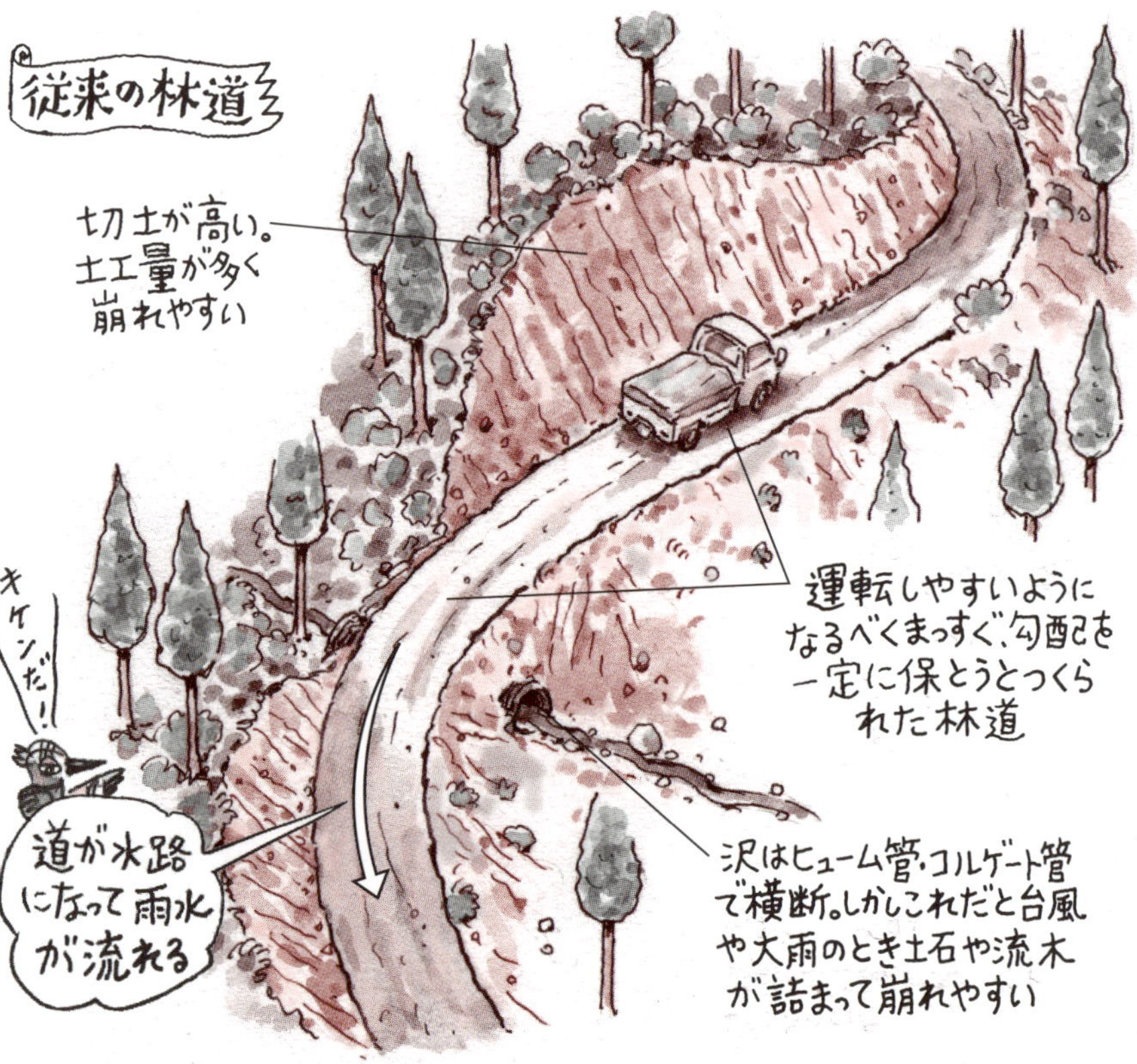
従来の林道
切土が高い。土工量が多く崩れやすい
運転しやすいようになるべくまっすぐ、勾配を一定に保とうとつくられた林道
キケンだ!
道が水路になって雨水が流れる
沢はヒューム管・コルゲート管で横断。しかしこれだと台風や大雨のとき土石や流木が詰まって崩れやすい

1 従来の林道とこれからの林道

環境を無視した合理性だけの道

急傾斜で雨の多い日本の山では、強固な林道をつけるにはコンクリート構造物が不可欠であり、大きなコストがかかる、と考えられている。

一般林道では「車が走りやすい」ことを主眼におく。いきおい一定勾配でアップダウンの少ない道を設計する。すると、日本の山のように急峻かつ細かい沢のひだが多い場所では、斜面を多く削らねばならず、沢にはたくさんの橋を架けねばならなくなる。近代の土木技術はそれを可能にしたが、結果的にたくさんのコンクリート構造物を山に置くことになった。金がかかるだけでなく、道そのものが自然破壊を進めることになったのである。

一方、簡易的な作業道のほうも「一回きり

四万十式の作業道
雨水も分散するので崩れにくい
1.5m以下の低い垂直切土で崩れない
地形に合わせてつくられた線形。いまの車は性能がよく、多少のアップダウンに耐えられる
沢は現地の丸太や石を利用した「洗い越し」でクリア。これなら大雨でも崩れない

の集材に耐えればいい」「あとは崩れても自然に還ればいい」という程度の荒っぽいつくり方が多い。基本的には、道のつけやすい地形を狙って、切土中心で盛土は重視しない。切土で出た残土や石を谷に落とせば環境破壊となる。山を削って均した心土を踏み固めれば路面が強いのは当たり前だが、雨に対する配慮がないため、やがて崩壊、これまた環境破壊となるのである。

雨に強く、山を壊さない環境調和の道

では四万十式はどうか？　コンクリート構造物は使わないが、決して一回きりで壊れる道ではない。まず地形重視で切土をできるだけ低くとり、しかも垂直に切る（「低い垂直切土」）。山の起伏に道を合わせるので多少アップダウンは多くなるが、これで土の移動を最小限に減らすことができる。現在の４ＷＤ車や林内作業車は性能が格段に向上している。多少のアップダウンは平気だし、木材を積んで安全に移動できればいいと考えれば問題はない。むしろ自然流下による雨水排

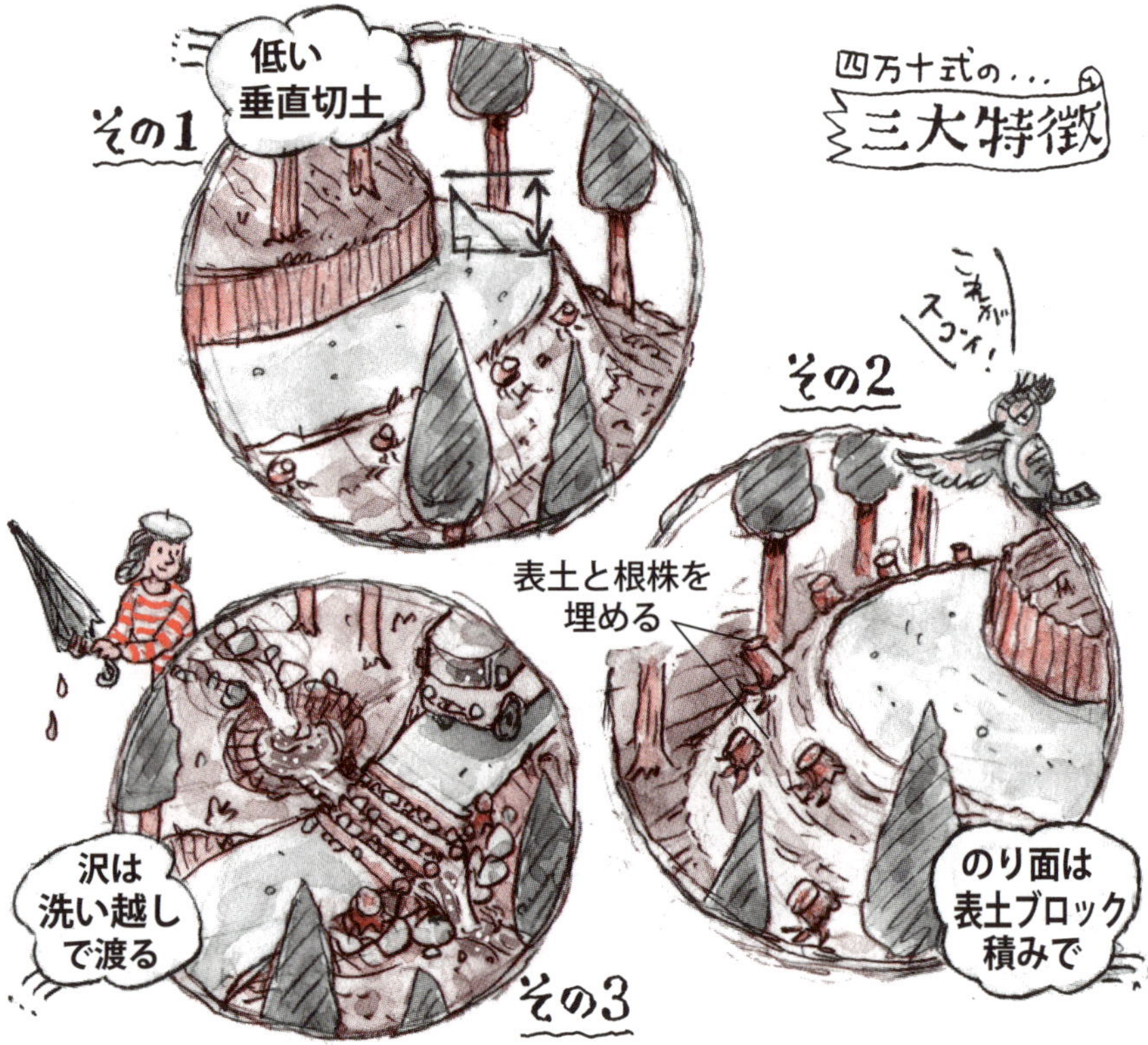
四万十式の…
三大特徴
その1
低い垂直切土
これがスゴイ!
その2
表土と根株を埋める
のり面は表土ブロック積みで
沢は洗い越しで渡る
その3

水のために、アップダウンは少しぐらいあったほうがよい。

また四万十式では、切土で出た土は盛土で使い切る。「半切り・半盛り」方式で、残土は出ない。従来の作業道の盛土はあまり信頼できなかったが、四万十式では根株を盛土の構造物や緑化を早める助けとし、、表土を緑化材として盛土のり面に挟み込む「表土ブロック積み」という方法で克服した。

さらに四万十式では、沢を横断する際、ヒューム管やコルゲート管などの暗渠を使わず、道の上を水が越流する「洗い越し」で通過させる。豪雨の際、沢に流れた小石や流木で暗渠が詰まると、その勢いで道が決壊するということがよく起きる。それをあらかじめ想定し、「洗い越し」でやりすごし、そのかわりに道の越流カ所とその前後を十分補強しておくのである。

以上の「低い垂直切土」「表土ブロック積み」「洗い越し工」の三つが、四万十式作業道の構造上の柱である。いずれも豪雨から林道を守ると同時に、環境を守るために大きな働きをする。それぞれを次から詳しく見ていこう。

斜めの切土
安定して見えるが
雨に直接当たって
崩れやすい

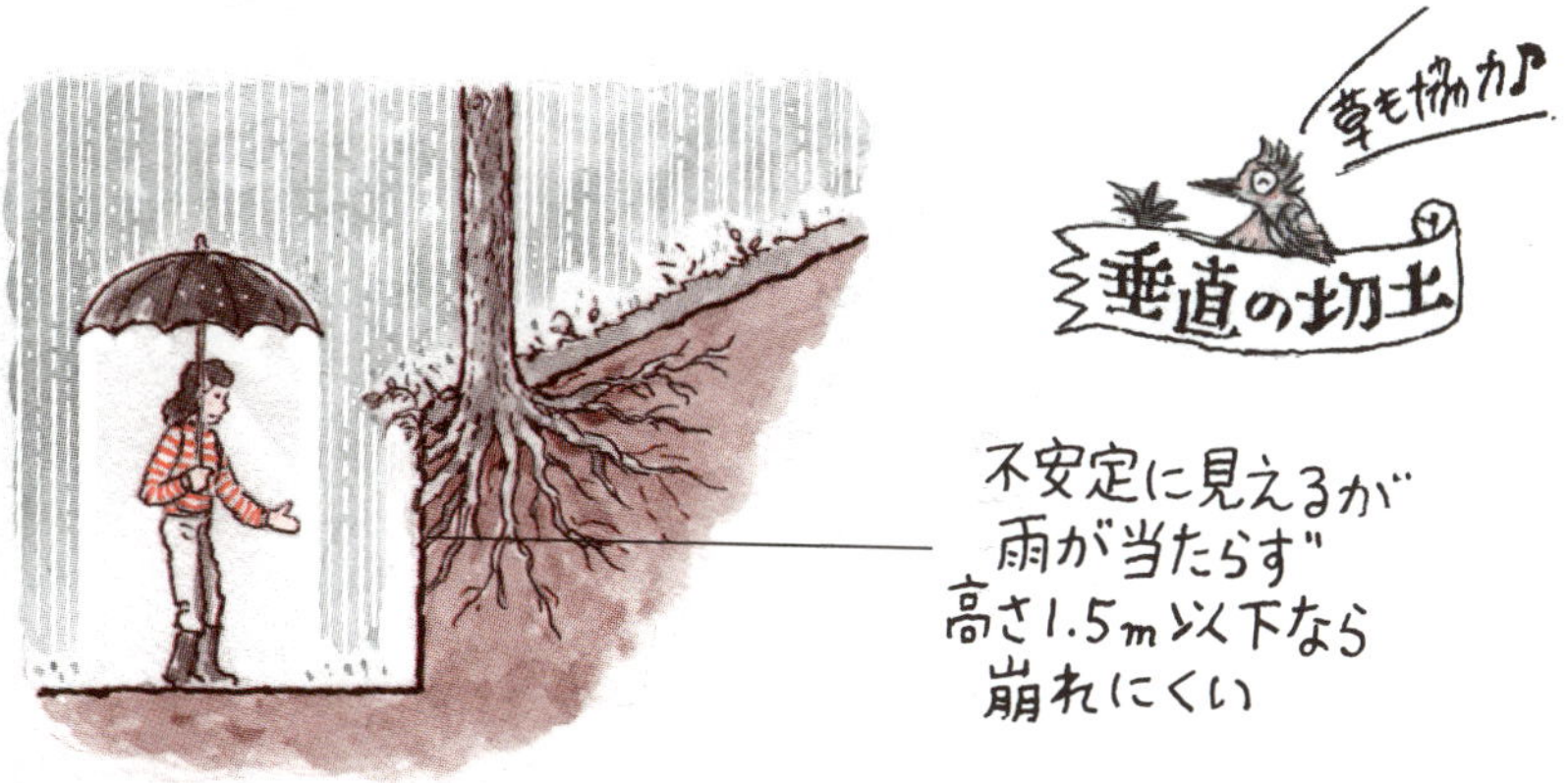
草も協力♪
垂直の切土
不安定に見えるが
雨が当たらず
高さ1.5m以下なら
崩れにくい

2 垂直切土のメリット

斜め切りと垂直切り

一般に、林道工事の切土（山側のり面）は斜めにとることが多い。崩壊や落石を防ぐためである。たとえば、高さ一ｍで水平距離二〇cm出すことを二分勾配というが、軟岩では五分（五〇cm）、土の場合は八分（八〇cm）勾配をとるのが通例だ。

しかし、斜めに大きく開削すればのり面は雨に叩かれて土を流し、濁流が路面に集まる。また開削空間が広がるため木が風の影響を受けやすく、のり肩（のり面上部）の土が崩れやすい。雨の多い日本の山で林道を長く保たせるには、斜め切りは有利とはいえないのである。

切土は、垂直に切ったほうがいい。垂直だと崩れやすい気がするが、樹林内で切土高を

スギ・ヒノキは
萌芽しない
からね
生きた植物が大切！
伐ると…
生きた根が
土を守る

斜めの切土は雨の影響を強く受ける。土が流れてやがて石が落ちる。死んだ木の根は土を支持しなくなる

四万十町の開設３年目の作業道。低い垂直切土が保たれ、植生が回復してクッションのようになっている

一・五ｍ以内に低くとれれば、意外に崩れない。これ以上高くなると、根の支持の範囲を超え、さらに土圧が大きくなり崩れやすくなるが、低い切土にできるなら、垂直に切ったほうがいい。四万十式では道幅を二・五～三ｍ以内に抑え、道ギリギリまで木を伐らない。この木の根が縦横に張っているおかげで土留めがよく効いて切土が崩れない。

垂直切土が崩れないわけ

垂直であることで、雨が直接切土面を叩かない。切土部分を観察してみると、上部数㎝がスポンジのような役目を果たして豪雨の際もクッションになっている。また林道を開削することで光空間ができ、下草や灌木が息を吹き返して適度に繁茂する。これらが根を伸ばして土をつかむ。繁った葉があたかも軒を出す感じになり、雨から切土面を守る。

低く垂直に切ることで削られる土量が減り、たくさんの木が残せる。四万十式作業道が造られた山を遠目で見ると、林道の位置がほとんど確認できない。幅員二・五～三ｍで

垂直切土は雨に強い。のり肩の木は根を張って崩壊をふせぎ、強風でも道側には倒れない

立木が道側に倒れないのは…
山側には支持根がある
倒れない
道側には支持根がない
倒れる

両側の木をギリギリまで残せば、これはもう間伐の空間に等しい。山にもダメージの少ない道の拓き方なのである。

木の根の力学

三〇〜四〇年以上を過ぎたスギ・ヒノキ人工林の立ち木は、すでに一・五m程度の垂直切土を支持する根系を発達させている。垂直に切ると道側の根を切ることになるが、それで枯れるようなことはほとんどない。むしろ切られた周囲の根を発達させ、土留めの役割をいっそう強固なものにしていく。

のり肩の木が強風にあおられ、倒れたとしても、道側にではなく、山側に根こそぎ倒れる。逆に倒れそうな気がするが、上の図のように、山側の根の支持力はそれほど引っぱりに強いのである。

しかしこれは木が生きていればこそである。のり肩の木を重機の操作に邪魔だからと伐ってしまうとどうなるか？

木は生きた細胞をもつ細かな根を、無数に土中に入れて、土をつかまえている。木が枯

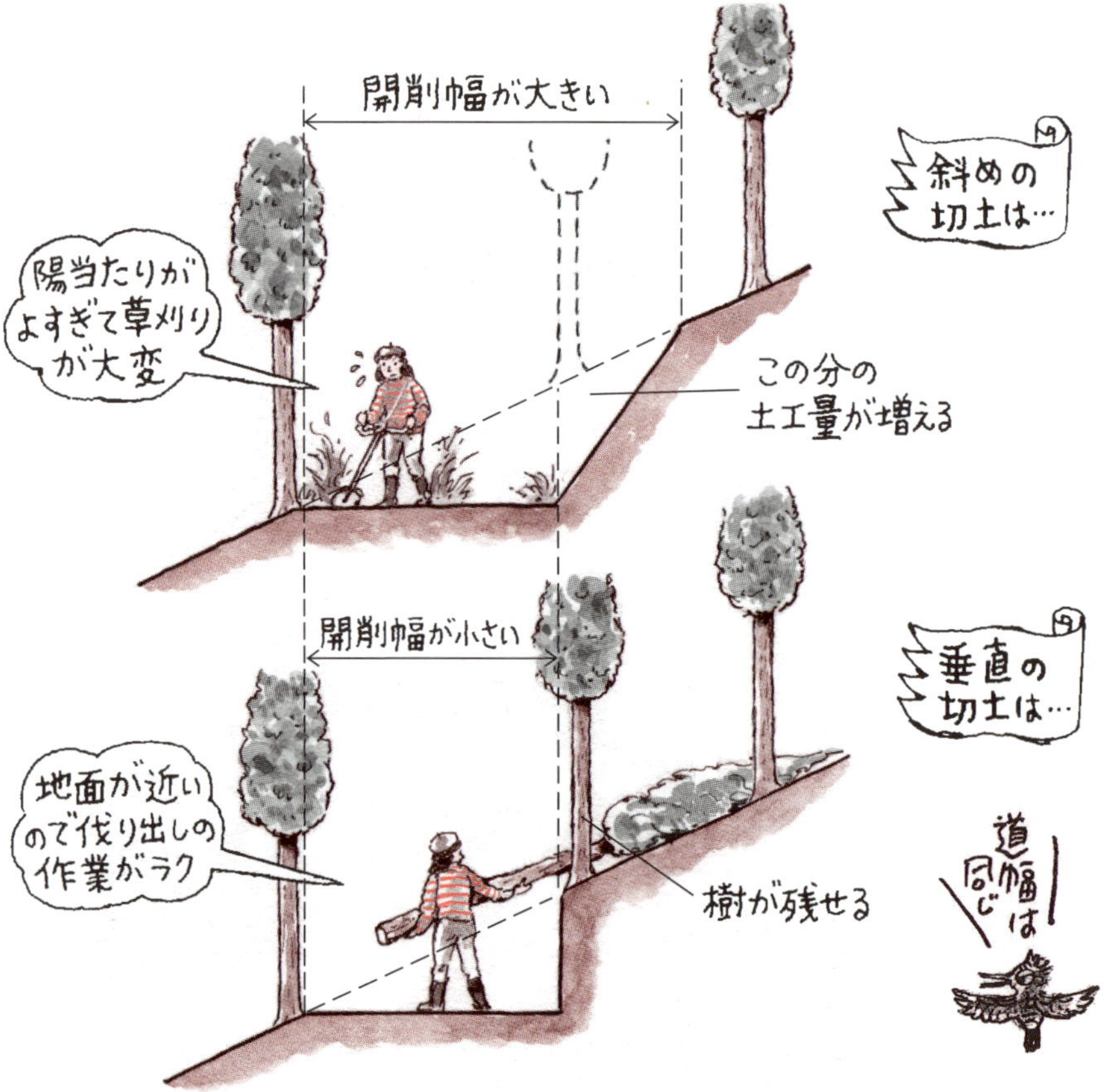
開削幅が大きい
斜めの切土は…
陽当たりがよすぎて草刈りが大変
この分の土工量が増える
開削幅が小さい
垂直の切土は…
地面が近いので伐り出しの作業がラク
樹が残せる
道幅は同じ

れるとそれらが収縮し、やがて土中にすき間ができ、そこから切土面が崩れるきっかけをつくる。対策として後続の広葉樹が補完するように周囲の稚樹などを大事にするとよい。ただし台風の来襲が多い地域では、風で木が揺すられ切土が崩れる恐れがあるので、のり肩の木は伐倒しておくのが安全である。

低い切土の道は集材しやすい

多くの作業道は切土高が高く、道の山側からの集材は危険な作業になる。低い切土だと、道の山側・谷側両方向からの集材が安全にでき、大変効率がよい。

また、斜めに大きく開削する旧来の方法だと、陽当たりがよすぎて路面に草が生え、草刈りの手間が大変だが、開削幅が狭ければそれが少なくて済む。

四万十式ではタネが含まれた表土を「表土ブロック積み」で盛土のり面に移動し、かつ路面の雨水がなめらかに排水されるので植物の種子が流れ去り、いよいよ草が生えにくくなる。草刈りの手間はぐっと減る。

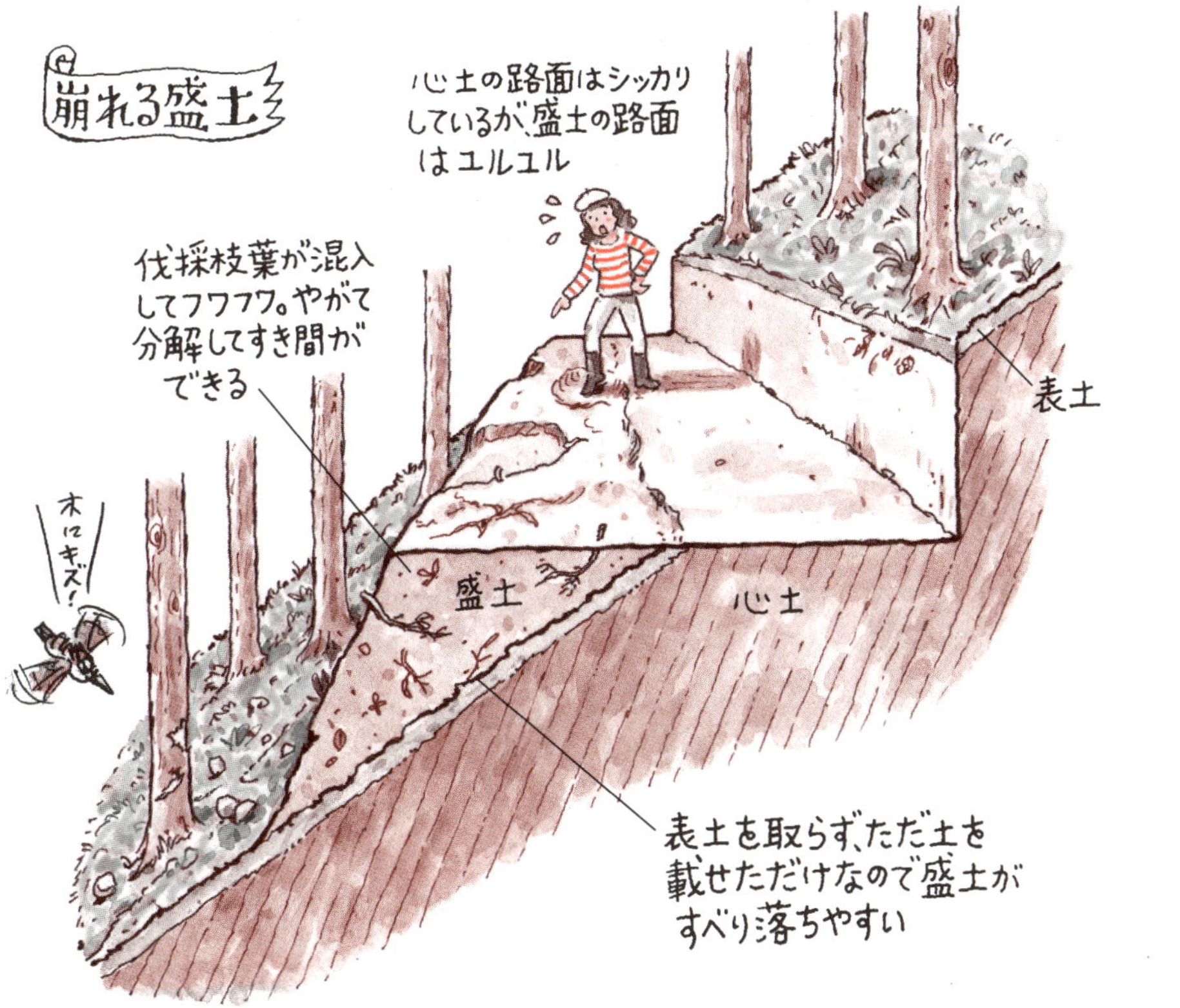
崩れる盛土
心土の路面はシッカリしているが、盛土の路面はユルユル
伐採枝葉が混入してフワフワ。やがて分解してすき間ができる
木にキズ！
表土
盛土
心土
表土を取らず、ただ土を載せただけなので盛土がすべり落ちやすい

3 切土重視から盛土重視へ——信頼できる盛土をつくる

「半切り」「半盛り」で残土なし

林道工事の盛土は、地山を削ってほぐされた土を新たに盛って転圧する。その土は空気を含んで体積がかさんでおり、雨を吸いやすい。雨でゆるんだ農道の路肩に、軽トラの車輪を取られた経験をお持ちの方も多いことであろう。そもそも林道の盛土路面は信頼できない。

十分締めかためた盛土でも、心土との境にはすべり面ができて沈下・崩落することがある。また、盛土の中に表土や伐採枝葉などの有機物（土木関係者はこれらを一般に「ゴミ」と呼ぶ）を混入したまま積んでしまうと、それらが転圧を妨げるし、やがて地中で分解してすき間ができ、崩壊の原因になる。

切土だけで道をつくれば、元々の地盤であ

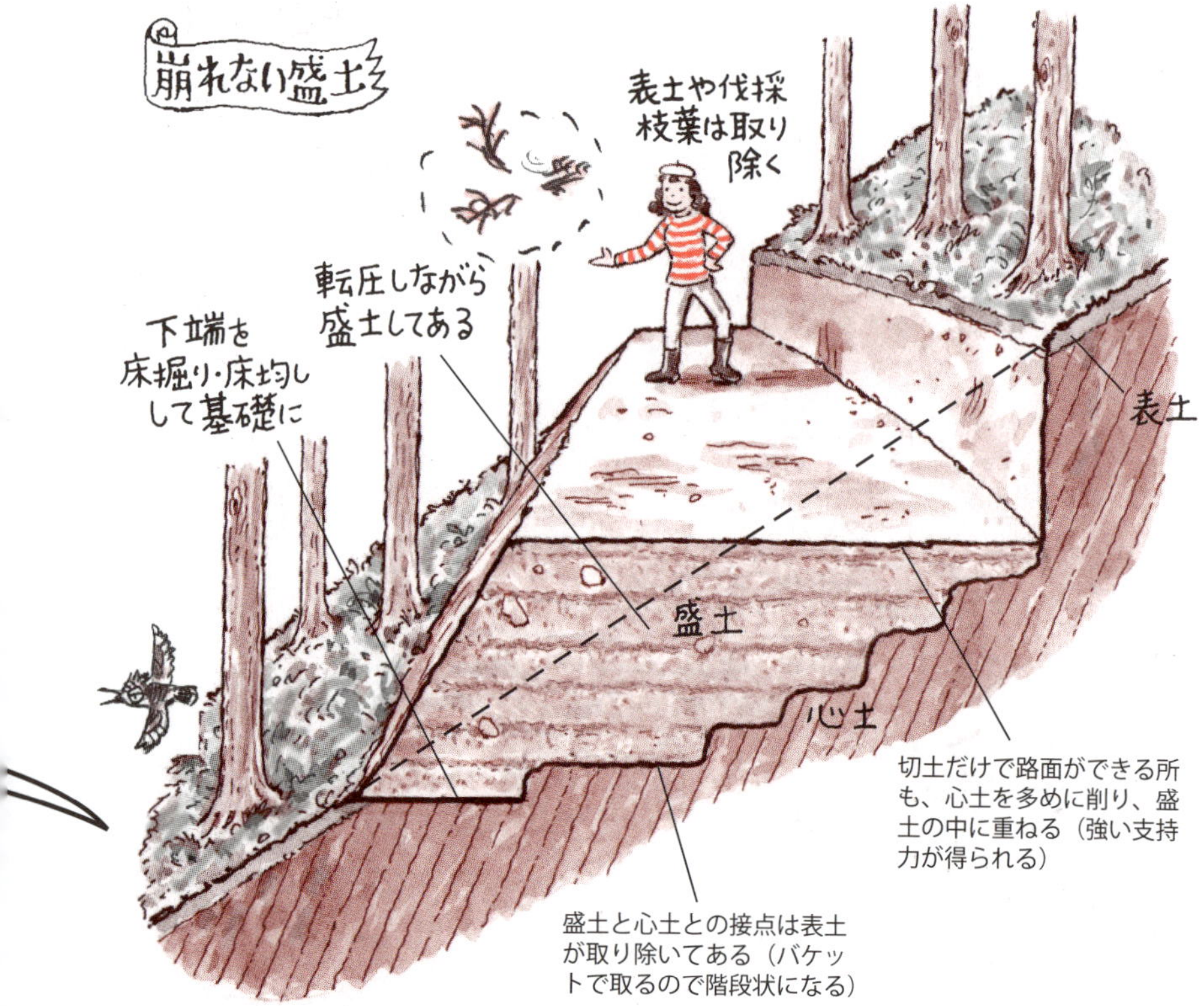
崩れない盛土
表土や伐採
枝葉は取り
除く
転圧しながら
盛土してある
下端を
床掘り・床均し
して基礎に
表土
盛土
心土
切土だけで路面ができる所も、心土を多めに削り、盛土の中に重ねる（強い支持力が得られる）
盛土と心土との接点は表土が取り除いてある（バケットで取るので階段状になる）

る心土を利用するから支持力があり、崩れにくい。かといって、切土だけで道をつくることはできない。急な斜面で切土高を一・五m以内に抑えようとしたら、道幅が得られないからだ。ゆるやかな斜面なら切土だけでもいいが、今度は切土で出た残土処理が問題になる。残土は遠方まで運ぶには手間やコストがかかるし、谷に落とせば植生や沢を傷めるだけでなく、林内作業の際、落石の危険がおきる。残土をその場でうまく盛土に転用できれば一番いい。

四万十式では、床掘りや床均しで基礎をしっかりつくり、こきざみに転圧をかけて信頼できる盛土をつくっていく。さらに根株や表土をその盛土の中にうまく挿入し、自然緑化と構造の強化を図る（「表土ブロック積み」）。斜面の傾斜により盛土が余ったり足りなくなったりするが、その場合は、道の前後一〇〜二〇m程度の範囲で土を移動させ相殺する。つまり作業点での切土盛土の収支だけでなく、前後の土量移動も取り入れた「半切り」「半盛り」であることが、四万十式の特徴である。

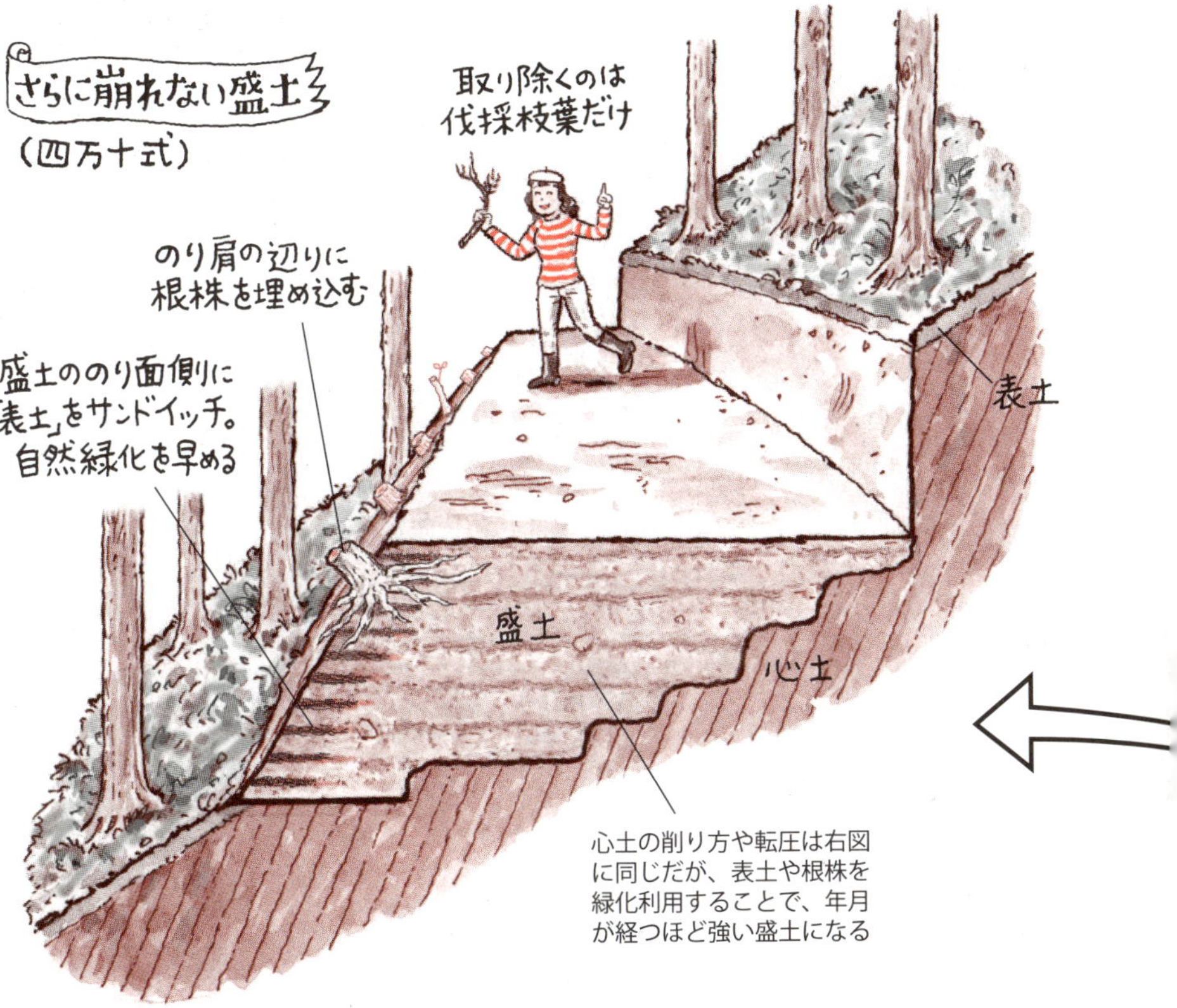

さらに崩れない盛土
（四万十式）
取り除くのは
伐採枝葉だけ
のり肩の辺りに
根株を埋め込む
盛土ののり面側に
「表土」をサンドイッチ。
自然緑化を早める
表土
盛土
心土
心土の削り方や転圧は右図
に同じだが、表土や根株を
緑化利用することで、年月
が経つほど強い盛土になる

4 「表土ブロック積み」と「根株積み」

ふつうは捨ててしまう土だが……

一般土木では伐採残滓や表土、支障木の根株などは、盛土に使ってはならないとされている。しかし四万十式では「表土」と支障木の「根株」を有効活用する。表土を盛土のり面の緑化材に、根株は盛土に挟み込んで路肩の強化や土留めとして使う（根株の周りの表土も重要な緑化材なので浅く埋める）。これが四万十式のもっとも独創的な構造上のポイントといえよう（上図）。

表土と心土

森林の土には天文学的な数の微生物がいるといわれる。しかしそれらの微生物、またミミズやダニなどの土中生物、菌類、植物の種

風で飛んだタネで…
ヒノキの実生

カラスの糞にタネが…
糞から生えたシュロの木

カケスがドングリを運ぶ

こんな自然緑化もある
表土積み工法でのり面がいち早く緑化される

子や球根のある場所は意外に浅く、地表から二〇㎝程度でしかない。「表土」と呼ばれるこの部分は、腐植土が多く植物の生存にもっとも重要な部分である。そしてその下の土をここでは、「心土」と呼ぶことにする。心土はその土地固有の土（岩石）で、深くなるほど有機物や酸素がなくなり、特殊な場合を除いて生物もいない。表土と心土は色がちがうので、切土をみれば一見して層の厚さが確認できる。

　人工林の生育する日本の山は、もともとこの表土が豊かな地帯である。尾根では風雪にさらされるので表土は薄い場合が多い。ゆるやかな谷では表土が溜まりやすいので厚い場合が多い。間伐遅れの山では表土が流れて薄い場合があるが、木が生えていれば、根に守られて表土がすべて流れるということは考えられない。

表土を積み、緑化を早める

　表土には腐植土や植物の根の繊維などが含まれており、土としては比重の軽いフワフワ

従来の盛土のり面
土を盛っただけののり面は雨で崩れやすい
芝などの緑化材はお金もかかるし根づくまで時間もかかる
四万十式の盛土のり面
切土
表土
盛土
a
b
c
d
e
f
g
h
表土をブロック状に採取して・・・・
表土と心土を交互に転圧しながらのり面側に積むと、植生が早く回復し、雨にも強い

としたもので、土木工事用の埋め土としては向かないが、中に植物のタネ、生き根、球根、それに養分が備わっており、緑化材と考えれば、非常に貴重なものである。

　これをバックホーのバケットではぎ取り、上の図のように「のり面の表面に出るように」積んでいく。この際、表土だけでは転圧が効かないので、間に心土を挟んでいく（横から見ると表土と心土が縞状になる）。表土と心土を交互に積むことは、こまめに転圧することにもなり、盛土の強固さはよりいっそう増す。また、よほど間伐遅れで荒廃した森でなければ、表土にはすでに下草や広葉樹の稚樹を含んでいるので、すぐに緑化の効果が出る。これらは元々その地にあった郷土種だから、環境的にもすぐれている。

根株は最強の天然構造物

　木の根元はきわめて頑丈な部位だ。あれだけ高くなる木を倒れないように支えているのだから当然だ。人工林で林道をつくると、支障木の根株がたくさん出る。これを土木構造

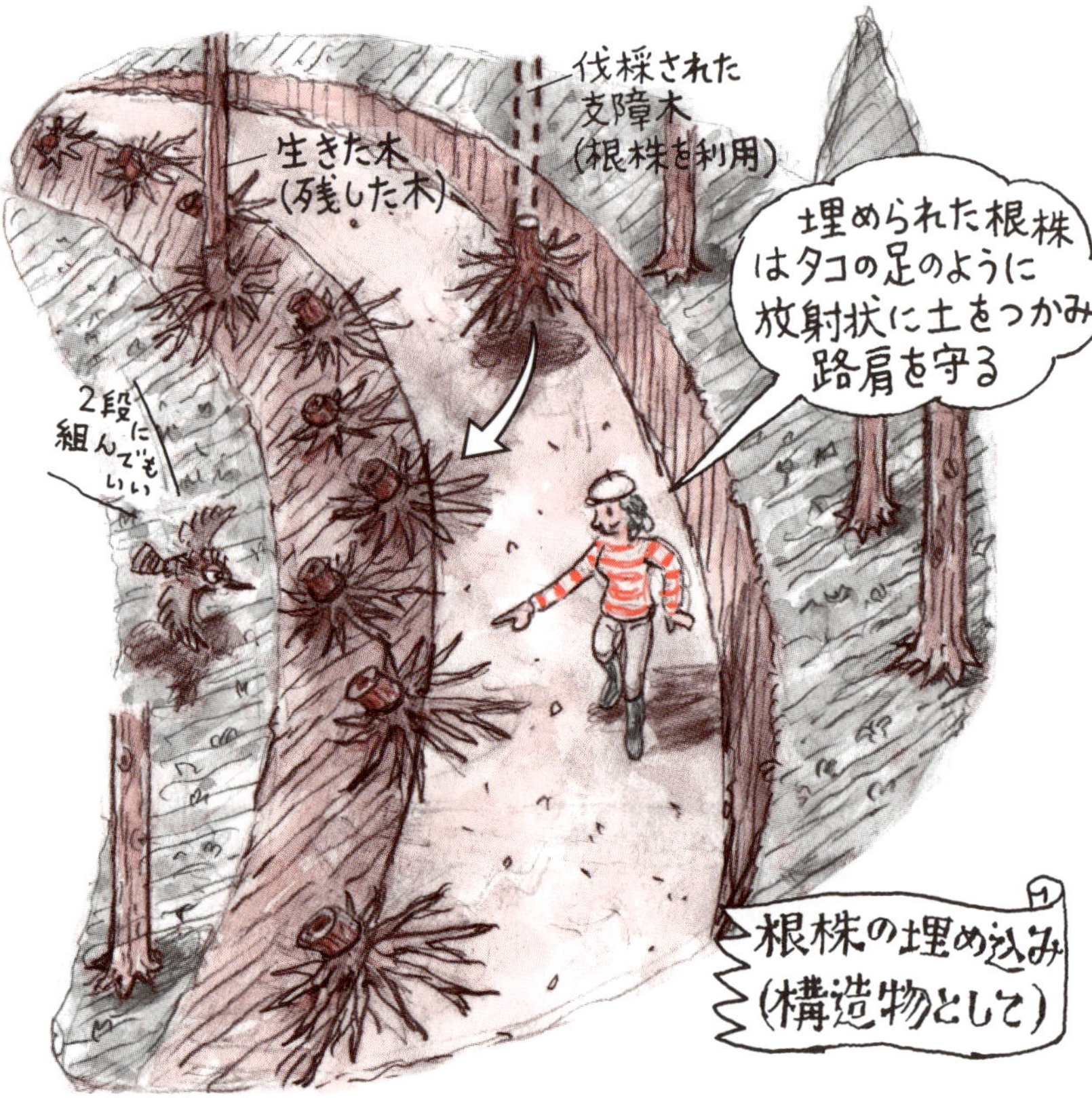
伐採された
支障木
(根株を利用)
生きた木
(残した木)
埋められた根株
はタコの足のように
放射状に土をつかみ
路肩を守る
2段に
組んでもいい
根株の埋め込み
(構造物として)

物として使わない手はない。

道の路線上の根株はすべて掘り起こし、表土ブロック積みの途中で上図のような形で路肩に埋め込む。転圧した平らな部分をバケットで軽く掘って根株の方向を修正しながら置いていく（第４章で詳述）。そのあとバケットで上から叩いて転圧をかけ、ふたたび表土ブロック積みを続けて盛土を仕上げる。

四万十式作業道の完成後は、この伐り株の頭が、路肩に点々と見える姿になる。なお、根株の数が多く出たら路肩よりも下の位置に二段式に埋めてもいい。

路肩を強化し、土留めにもなる

この根株が路面の最大の弱点である路肩を補強し、のり面の土留めにもなる。根株から放射状に張り出した根は地を押さえ、盛土の滑り崩壊を防ぐ。また、その形態から根株による排水効果や、土の吸い出しを止める効果もあると考えられる。

ふつう盛土内に埋め込まれた物体は、上から加重をかければ盛土の外に出ようとする

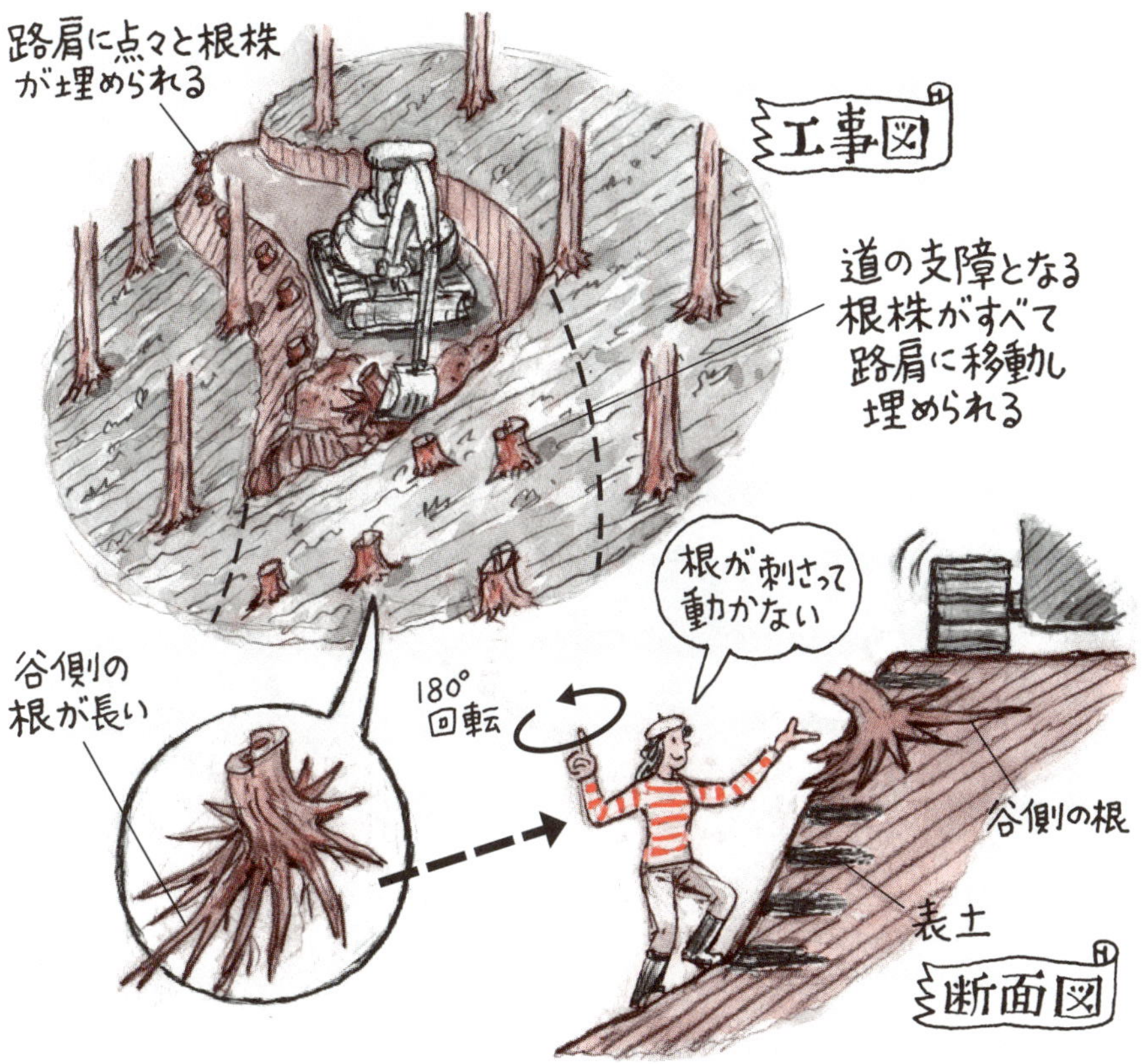
路肩に点々と根株が埋められる
工事図
道の支障となる根株がすべて路肩に移動し埋められる
根が刺さって動かない
谷側の根が長い
180°回転
谷側の根
表土
断面図

が、根株をこのように埋めると、逆に中に入ろうとする。

四万十式の施工を観察していると、根株が埋め込まれたとたん、盛土がとても安定して見えてくる。バックホーなどが路肩ぎりぎりまで進行しても安心して見ていられるのだ。

37〜38ページの切土の説明で「木が枯死すると無数の細根が収縮し、やがて土中にすき間ができる」と書いたことと矛盾するようだが、バックホーで掘り出した根株は、細根は引きちぎられ、土を振り落としてからふたたび地中に入れ、十分な転圧をかけるので、伐採木で枯死した根がそのまま残るのとは意味がちがう。

また、埋めた根株が腐ったら、盛土が沈下するのではないか？　と思われるかもしれないが、心土に圧縮されて埋められた木は、周囲に酸素がないので腐りにくいものである。大正時代に建設された東京の「旧丸ビル」の基礎松丸太杭が、ほとんど腐食なしで出土して話題になったことがあるが、土中の木の支持力はバカにできない（同じように水中の木も腐りにくい）。

挟まれた種子による緑化
伐られたスギやヒノキ自身は萌芽しないが….
コナラだ！
ここにドングリなどの種子がよく挟まっている
山側と谷側を180°回転して埋めると….
（※樹種によってはそのまま）
根の間に隠れていた種子が、光と熱を得ることで発芽・成長する

根株と表土ブロック積みの相乗効果

たしかに表面に露出した部分は腐りやすい。しかし緑化のスピードも早いため、腐って収縮した部分には新たな植物の根が入って補完し、年数がたつにつれさらに強固なのり面になっていく。

掘り出した根株は、構造強化と座りよさのために一八〇度回転させて埋め込むか、場合によってはそのまま移動する（要するに根株の座りと植生を考える）。

木の根元の山側の窪みには、ドングリの種子などが挟まっていることが多い。斜面の根株の多くは、一八〇度回転すれば座りよいだけでなく、種子の多い部分がのり面側に出て、根株に挟まっていた種子が発芽しやすい（上図）。

これら一連の作業はバックホーのバケットを駆使して行なうが、大きな切り株が出た場合は平らな場所に置いておき、高く盛土を積みたいときや沢の横断など、ここぞという場所で使う。また大きな根株はボリュームがあ

バケットで植林♥
いつもは‥‥
ガンガン!
でも‥‥
サンショウ
つくっく
あれは根づくね
チョン
by MASA NOBU

広葉樹の根株で緑化
稚樹
広葉樹の根株
土や細根を取らず大切に移植すれば翌年萌芽し、のり面を守る

るので、盛土の土の足りない場所ではそれで多少補うこともできる。

根株は通常より幹を高く（地上高三〇～四〇㎝くらいに）伐って使う。昔に伐倒された古い切り株も、骨格はしっかり残っているものが多いので同じように使ってもよい。

広葉樹の根株は生かして使う

すでに針広混交林状態になっている場合、支障木として広葉樹も伐ることになるが、広葉樹の根株は萌芽するので、同じように盛土に埋め込めば、やがて生き根を張り巡らし、「生きた構造物」として作業道を守ってくれる。

鉛筆程度の太さの幼樹であっても、広葉樹なら捨てずにのり面へ埋め込む。高さが数十㎝程度の稚樹も、重機のバケットで掘り起こし、土ごとのり面側に移植する。生きた根の部分を大切に、かぶせる土の上の転圧は、そっと押さえる程度にする。このように、林道路線上に広葉樹の株があれば、大小を問わずのり面緑化に使うのである。

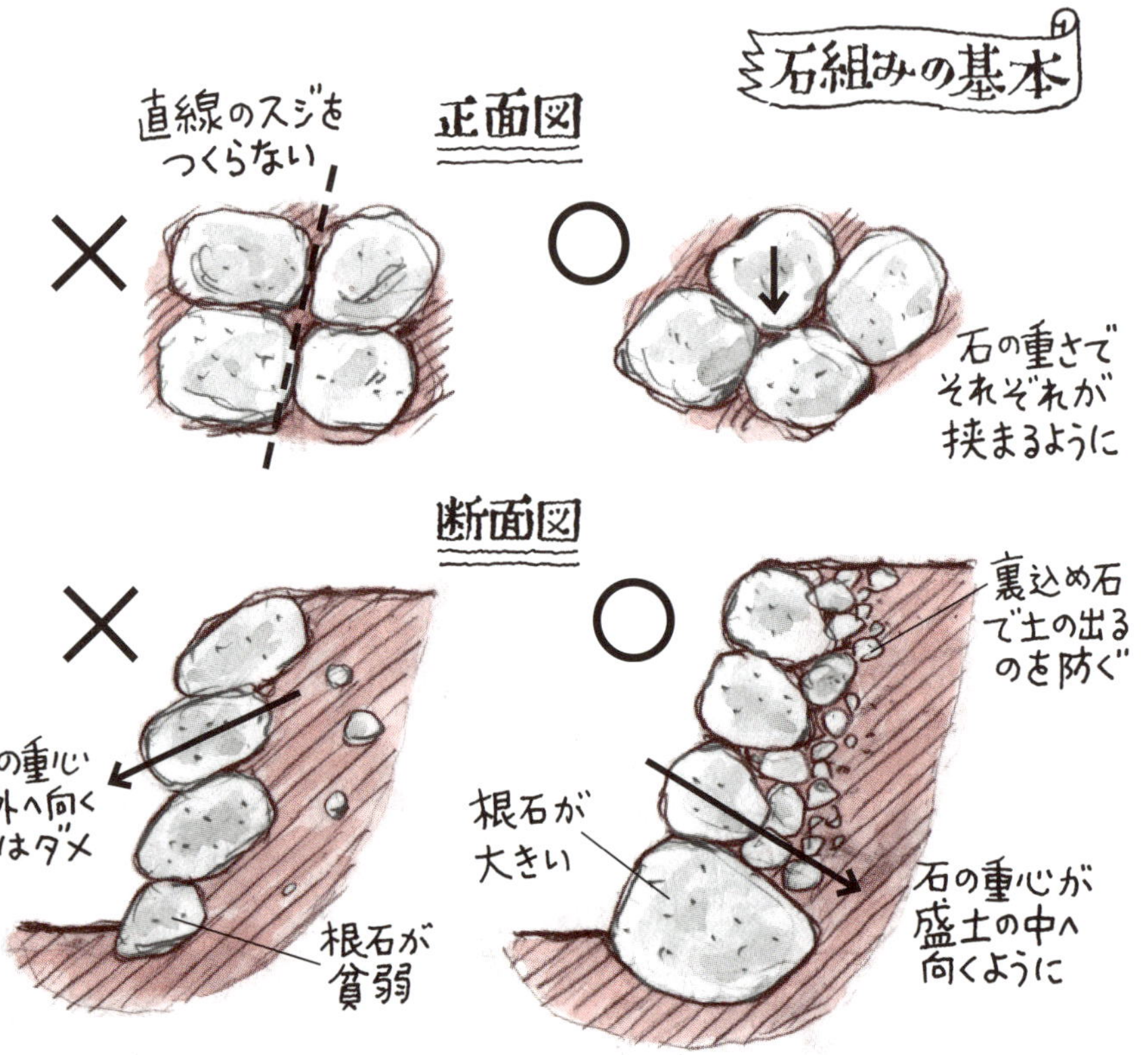
石組みの基本
正面図
直線のスジを
つくらない
石の重さで
それぞれが
挟まるように
断面図
裏込め石
で土の出る
のを防ぐ
石の重心
が外へ向く
のはダメ
根石が
大きい
石の重心が
盛土の中へ
向くように
根石が
貧弱

四万十式の施業では、重機は根株の掘り起こしや路盤の転圧で本体が浮いてしまうほどの荒々しい動きをみせるかと思うと、一転してバケットで植樹するというような繊細な作業を要求されるのだ。仕上げに土羽《どは》（のり面の表面）をバケットで叩くような作業は必要ない。そんなことをしたら、せっかく移植した植物を傷めてしまうことになる。見栄えは問題ではない。

現地で出た石も有効利用

現在の林道工事では、現地で出た石を構造物に活かすという発想がない。コンクリートに入れるジャリ石や基礎のグリ石は、図面から数量を計って「買って用意する」ものなのだ。しかし、作業道のような規模では現地素材をどんどん使うべきである。石は味方であり、むしろの出る現場のほうが道はつくりやすい。

大石（人の頭大以上）は盛土部分に根株・表土と組み合わせて使うと、石垣同様の効果がある。小石は道の表面にばらまいて転圧す

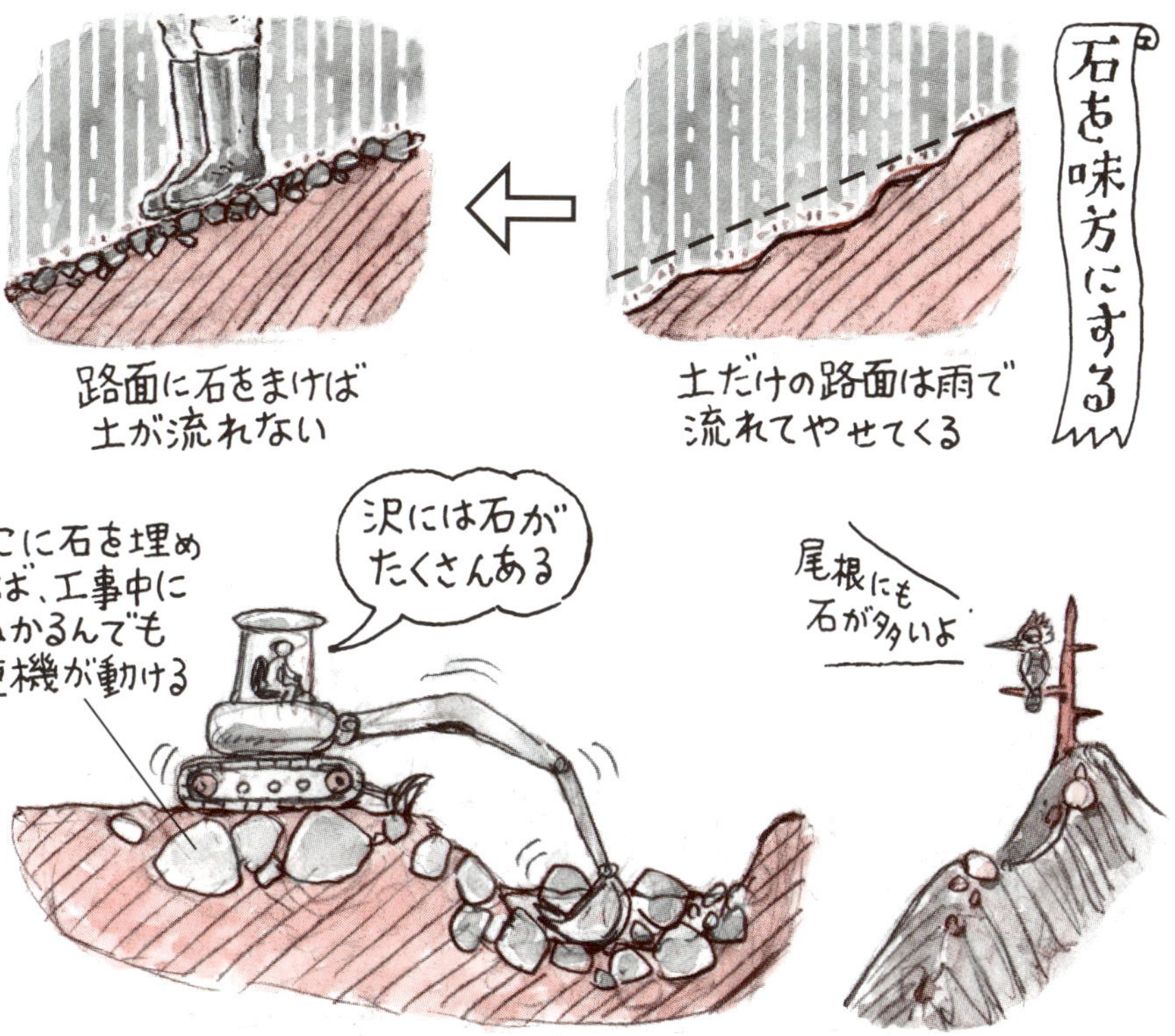
石を味方にする
土だけの路面は雨で
流れてやせてくる
路面に石をまけば
土が流れない
沢には石が
たくさんある
ここに石を埋め
れば、工事中に
ぬかるんでも
重機が動ける
尾根にも
石が多いよ

れば路面を丈夫にする。石の少ない地質でも、尾根や沢では石が出ることが多い。その石を離れた場所で使ってもいい。

二名一組のチームで一日五〇～八〇ｍ

ところで四万十式の作業は、実は二人一組という少人数でつくられている。作業者は「前伐り」一名と、バックホーのオペレーター一名だけである。四万十町では、この方法で単純な断面であれば一日に五〇～八〇ｍを作設している。

盛土の表土ブロック積みは「丁寧に丁寧に」進めていくのがコツだ。オペレーターも正確で誠実なタイプの人と、荒々しい動きを好む人がいるが、後者のタイプには向かない。道幅も狭く木も道ぎりぎりまで残すので、旋回の際に木を傷つけないように注意しなければならない。

自然緑化を生かす森づくり

表土ブロック積みで、のり面を保護・強化

するこの工法は、間伐の行き届いた明るい森づくりを前提としているのはいうまでもない。間伐遅れで、木がヒョロヒョロの線香林では照度が足らず、四万十式で道を通しても緑化が進みにくいからである。また雨のあと道が乾きにくい。道づくりから間伐作業までのスケジュールがあくようなときは、道の周辺だけでも先に間伐を済ませるべきである。

表土積みによる緑化は、表土が豊かで植物の繁茂しやすい日本の山でこそ成り立つ技術だ。そして道の維持のためには、中層木としての広葉樹と共存するような人工林施業を良しとする、健全な森づくりが望ましい。

下層植生の乏しい暗い人工林で、必要以上に年輪の詰まった材を指向するような施業、極端な完満通直材をつくる「磨き丸太生産」の現場などでは、表土ブロック積みによる緑化はあまり期待できないだろう。

道づくりと山づくりの思想は、ひと続きのものということができる。

四万十式は自然活用方式のジオテキスタイル工法!?

四万十式の表土ブロック積みは、最新の土木技術である補強土壁工法のひとつ、「ジオテキスタイル工法」に類似しているという研究者の指摘がある。

補強土壁工法とは、「土よりも強い補強材」を土中に敷設・挿入し、土と補強材との相互作用で土塊全体の安定や強度を高めるもので、一九八〇年代よりジオグリッドと呼ばれる格子状のポリエチレン樹脂を使ったものが素材として主流になっている。

重力式擁壁のように土を外部から力で押さえつけるのではなく、化学繊維を何層かに土の中にはさみ込み、その摩擦力を利用し、引っぱりやせん断の強さを得る、という軽快さに特徴がある。

のり面を立てられるので敷地が狭い場合にも有効で、緑化との組み合わせもできて開発以来、需要が増えている。

四万十式作業道の一大特徴である「表土ブロック積み」の表土には、植物の根の繊維が多量に含まれている。それを心土と層状に積むのだが、そこには生きた根や植物のタネも含まれており、それらの根が層の中に広がり、伸び続けると考えられる。

埋め込まれる根株もまた、その根を地中に放射状に広げている。それらがジオテキスタイルと同じ効果をもたらしている、と考えられるのだ。

林野庁関連の(独)森林総合研究所で、サンプリングや剪断試験などによる検討が始まっている。

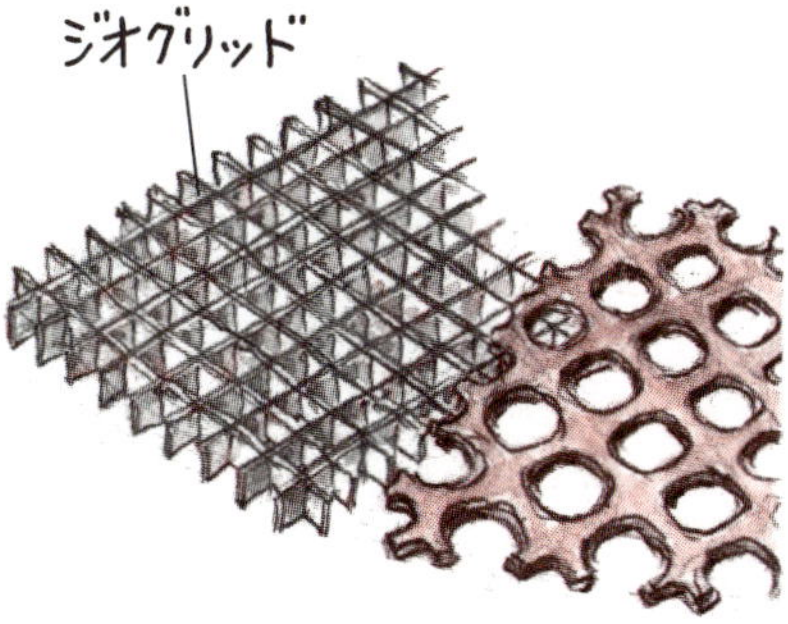

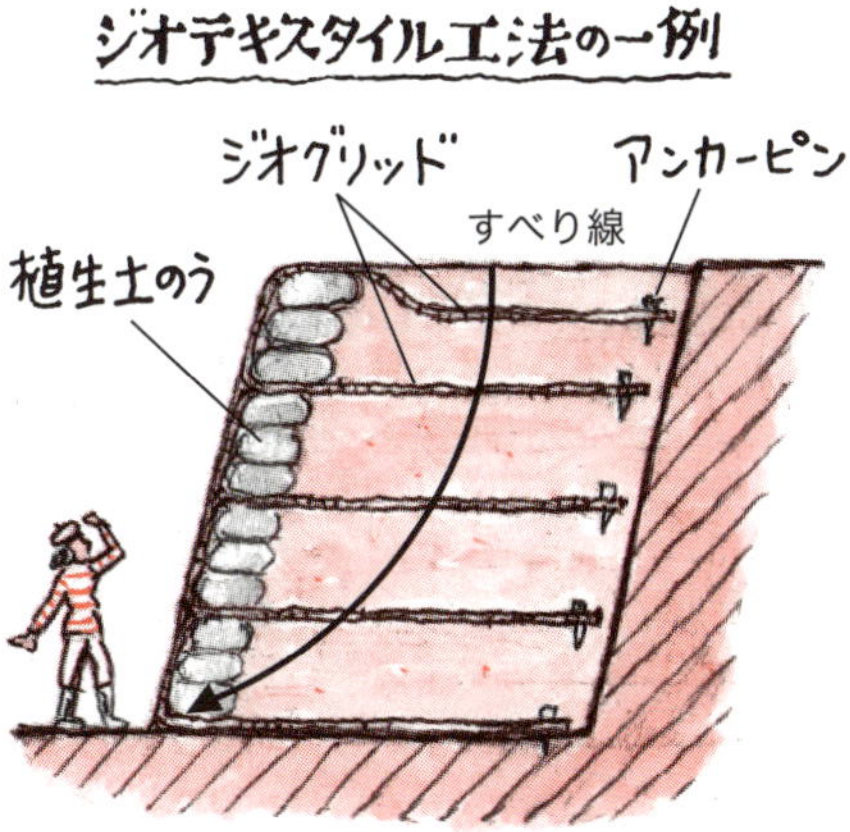

長い下り勾配が続く作業道では、豪雨のとき路面に水流ができてしまい、土をえぐり始める。次の雨では溝が水路になってさらに掘られる

5 水を克服する——雨水処理が崩れない林道のカギ

林道最大の敵は豪雨

日本は雨の多い国である。台風の国であり、山間部はとくに集中して降ることが多い。頑丈な作業道がうまく工事できたとして、その後の維持管理に一番の大敵はこの豪雨である。林道の大きな崩壊の原因は、ほとんどがこの豪雨といっても過言ではない。

山に降った雨は、地面に吸い込まれて、それが飽和状態になると、地表を流れ始める。溝があればそこを削り、水路をつくりながら、低いところに向かい、沢へと落ちていく。山に林道を通すということは、この水みちを切断することにほかならない。上から流れ落ちて来る水の集まりを、林道でいったん受け止めてから、ふたたび道の下に流すことになるからだ。たとえ林道の上に屋根をつけたとし

郵便はがき

1070052

おそれいります
が切手をはって
お出し下さい

（受取人）
東京都港区
赤坂7丁目6－1

農文協
読者カード係 行

◎このカードは当会の今後の刊行計画及び、新刊等の案内に役だたせていただきたいと思います。　はじめての方は○印を（　）

ご住所	（〒　－　） TEL： FAX：
お名前	男・女　歳
E-mail：	
ご職業	公務員・会社員・自営業・自由業・主婦・農漁業・教職員（大学・短大・高校・中学・小学・他）研究生・学生・団体職員・その他（　）
お勤め先・学校名	日頃ご覧の新聞・雑誌名

※この葉書にお書きいただいた個人情報は、新刊案内や見本誌送付、ご注文品の配送、確認等の連絡のために使用し、その目的以外での利用はいたしません。

●ご感想をインターネット等で紹介させていただく場合がございます。ご了承下さい。

●送料無料・農文協以外の書籍も注文できる会員制通販書店「田舎の本屋さん」入会募集中！案内進呈します。　希望□

■毎月抽選で10名様に見本誌を1冊進呈■（ご希望の雑誌名ひとつに○を）

①現代農業　②季刊 地 域　③うかたま

お客様コード □□□□□□□□□□

お買上げの本

■ご購入いただいた書店（　　　　　　　　　　　　　　　書店）

●本書についてご感想など

●今後の出版物についてのご希望など

この本をお求めの動機	広告を見て（紙・誌名）	書店で見て	書評を見て（紙・誌名）	インターネットを見て	知人・先生のすすめで	図書館で見て

◇新規注文書◇　郵送ご希望の場合、送料をご負担いただきます。

購入希望の図書がありましたら、下記へご記入下さい。お支払いはCVS・郵便振替でお願いします。

（書名）	（定価）¥	（部数）　部
（書名）	（定価）¥	（部数）　部

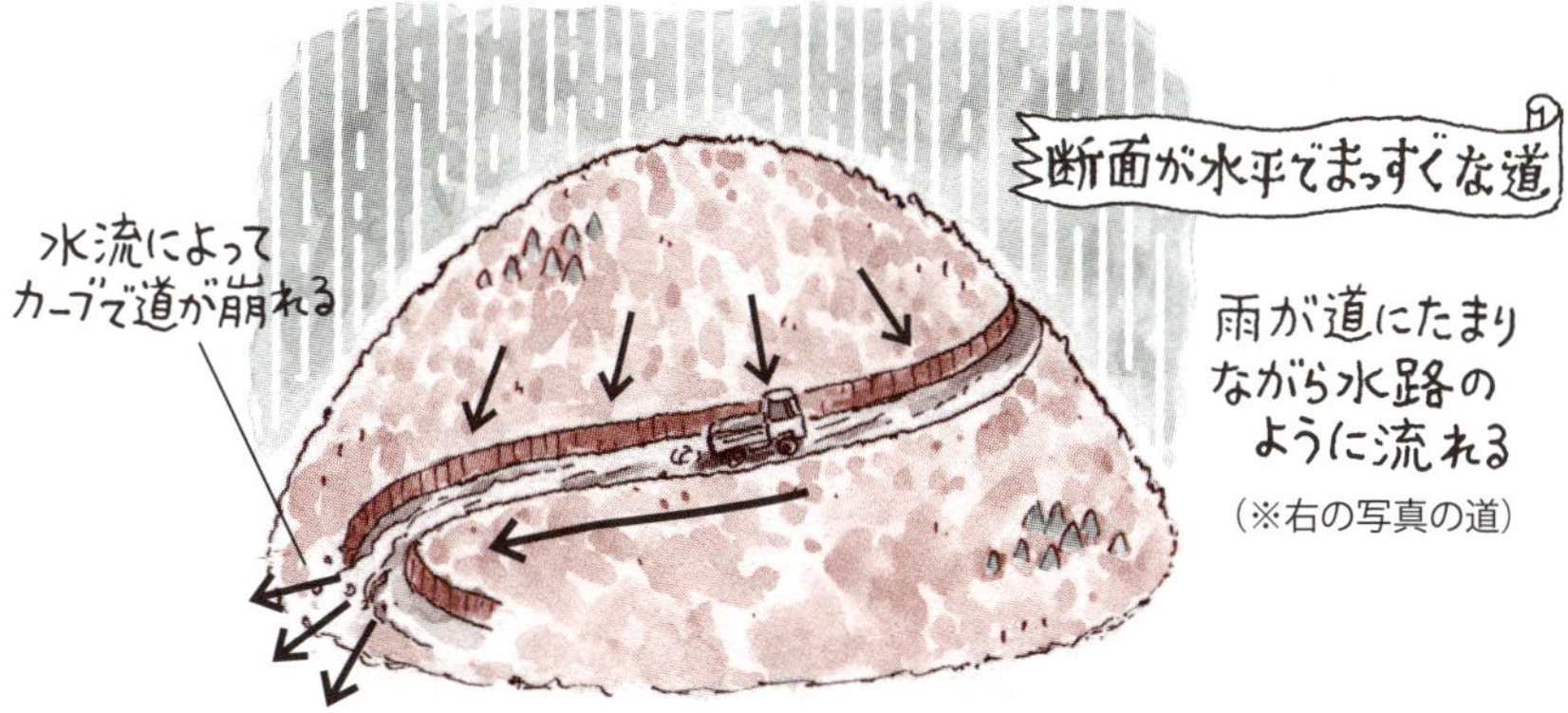
断面が水平でまっすぐな道
水流によって
カーブで道が崩れる
雨が道にたまり
ながら水路の
ように流れる
（※右の写真の道）

谷側が低く、起伏のある道
水がたまらず、流れず
道が荒れない
雨が分散して
排水される

ても、尾根筋でないかぎり、山の斜面から水は流れ落ちてくるわけだ。

水流や水溜まりをつくらない工夫を

林道の上を水が流れれば、多かれ少なかれ路面の土が流れ、路面が荒れる。また、落ちた雨水は林道を水路にして流れ下り、路面を削り取る。林道には轍《わだち》ができることが多いが、轍の窪みは雨水にとって格好の移動コースになる。

逆に水が流れなければ、今度は路面に水たまりができてしまう。水はけのいい土質ならいいが、粘土地盤などで水たまりをつくると、大きく深いぬかるみができ、いつまでもそれが残る。

これらを避けるには、路面に長い水流をつくらせない、長く水を停滞させないように、こまめな排水を工夫することが大事だ。地形に合わせて道をつくる四万十式では、アップダウンが多く、それが期せずして排水を分散させることになるが、施業の中でも次のような工夫が行なわれている。

どちらが崩れやすいでしょうか?
断面が水平でまっすぐな道
雨水が道の上を流れていくから崩れない?
谷側が低く、起伏のある道
雨水が谷側に流れるから崩れやすい? それに通るとき谷にせり出すようで恐い…?

道は谷側を低くする

四万十式では道の横断面が、谷側にやや低くなるようにつくる。全路線をそうする必要はないが、軽トラックや運搬車の運転に支障のない程度に傾ける。表土ブロック積みと根株の埋め込みで強固な盛土になる四万十式ならこうした傾け方もできるが、路肩が信頼できない従来の盛土では、路肩の沈みを見越してやや高く盛ってしまうことが多く、谷側に水が逃げにくい。そのために路面上にいつも水が停滞し、弱いところから谷側へ集中して水が落ち、道が崩れるきっかけをつくっている。

谷側を低くするというと危険な印象を受けるが、実際に現場に立ってみると、ほとんど勾配が感じられない程度のものである。盛土ののり高も低くなるので施工もラクだし、道幅も広げることができる。

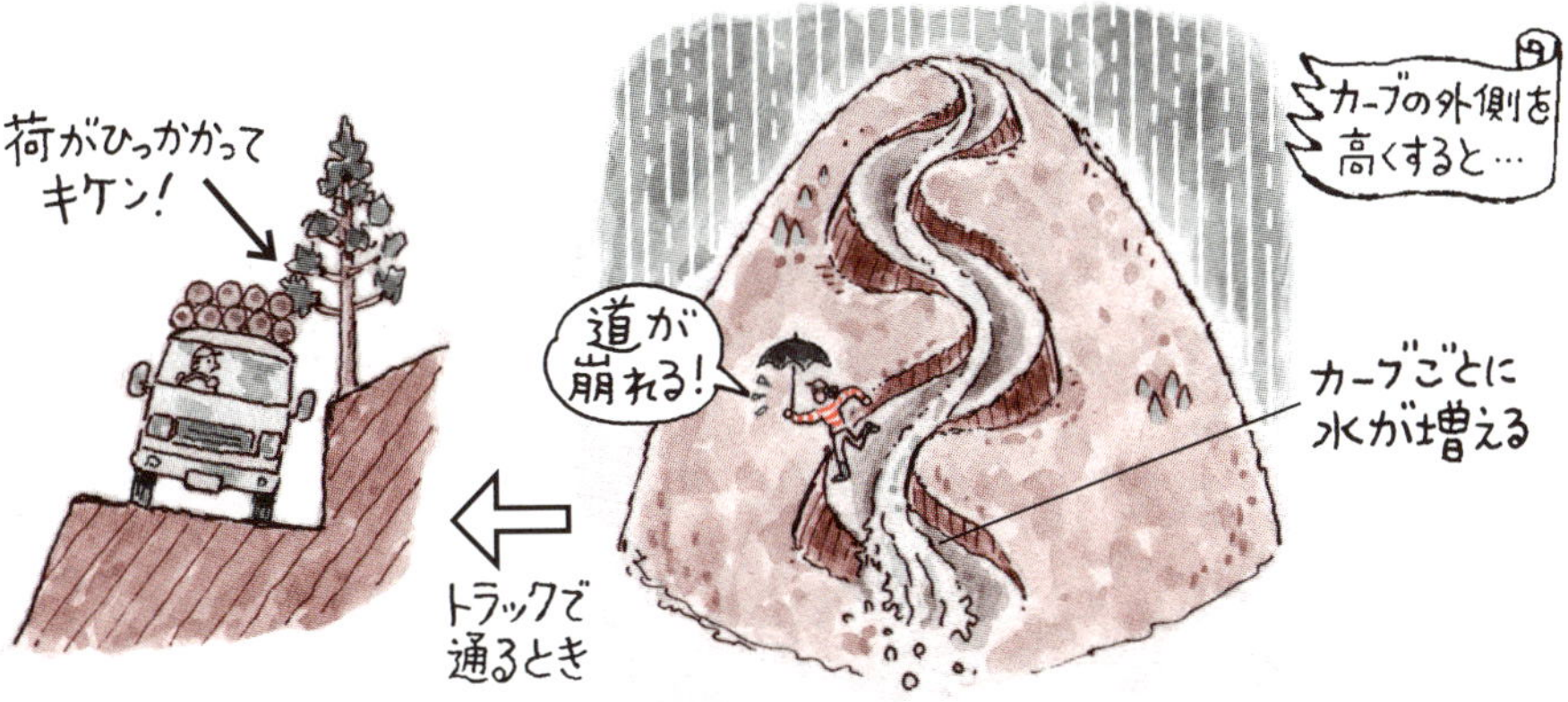

カーブ地点では「逆カント」

カーブには遠心力による車線の膨らみを減じるために片勾配、いわゆる「カント」をつけるのがふつうである。しかし、これを尾根周りでやると道の山側が水を集め、側溝の役割を果たしてしまう。また、尾根筋をＳ字で登るルートでは、水が分散されず、林道が水路になってしまう危険が多分にある。

そこで、登はん路でも、カーブは谷側を低くする（逆カントになる）ことで水を上手に逃がしてやる。道を下ってきた水流は、カーブにくると遠心力がかかり、谷側にふくらみながら下方に流れ落ちていく。ひとつのカーブごとに雨水の流れを分散させることで、路面の荒れや路肩の崩壊を極力回避できる。

トラックの運転も低速であれば、積み荷の多いときはかえって逆カントのほうが安定して回れるものである。積み荷が立ち木に引っかかることも少なくなる。

崩れる「暗渠」
暗渠で沢水を流すのね
しかしひとたび大雨が降ると・・・・
施工はラクだが盛土の転圧は管を痛めるので十分にできない

6 沢水は「洗い越し」で流す

暗渠は道を押し流す

一般に道が沢を横断するところではヒューム管やコルゲート管などの暗渠が通されている。暗渠は沢床に置いて土を被せてしまえばよく、施工が簡単だからだ。

ところが、市街地や平場の農地の場合とちがって、山では集中豪雨などで、一気に沢水が増水することがよくある。

今は人工林の手入れが遅れた山が増えて、保水力が弱く、土砂を含んだ増水がおきやすくなっている。そのうえ、伐り捨て間伐で玉切りされた残材が沢に流れ込んでくる。さらに近年の気象状況は集中豪雨が多発する傾向にある。それらが相俟って暗渠を詰まらせてしまうのだ。たとえ自分の山をくまなく整備していたとしても、沢の上流に他人の荒れ山

があれば被害をこうむる。
　流れてきた木や石などで暗渠の入り口がふさがれてしまえば、濁流が路面にあふれる。土石を含んだ重い流れが速い速度で林道にぶち当たり、越流するわけで、弱い部分から土がどんどん流されて、林道が崩れてしまう。コンクリートで補強したとしても安心できない。荒れ狂った水流は、天気が穏やかなときの沢水からは想像もできないような破壊力を持っている。そして、この復旧作業がまた、大変手間がかかるのである。

上流は池、吐き口は補強

　沢の横断は明渠にして水を通したほうが、詰まらないし、大水で押し流されない。それもふつうの明渠のように水を「溝で通す」（橋を架ける）のではなく、林道を「平たく越流させる」のである。四万十式では「洗い越し」と呼ばれるこの方法をとっている。

　そんな方法で路面が壊れないのか？　と思うかもしれないが、沢の地質はつねに水で洗われているので軟弱な土は流されて、岩や小

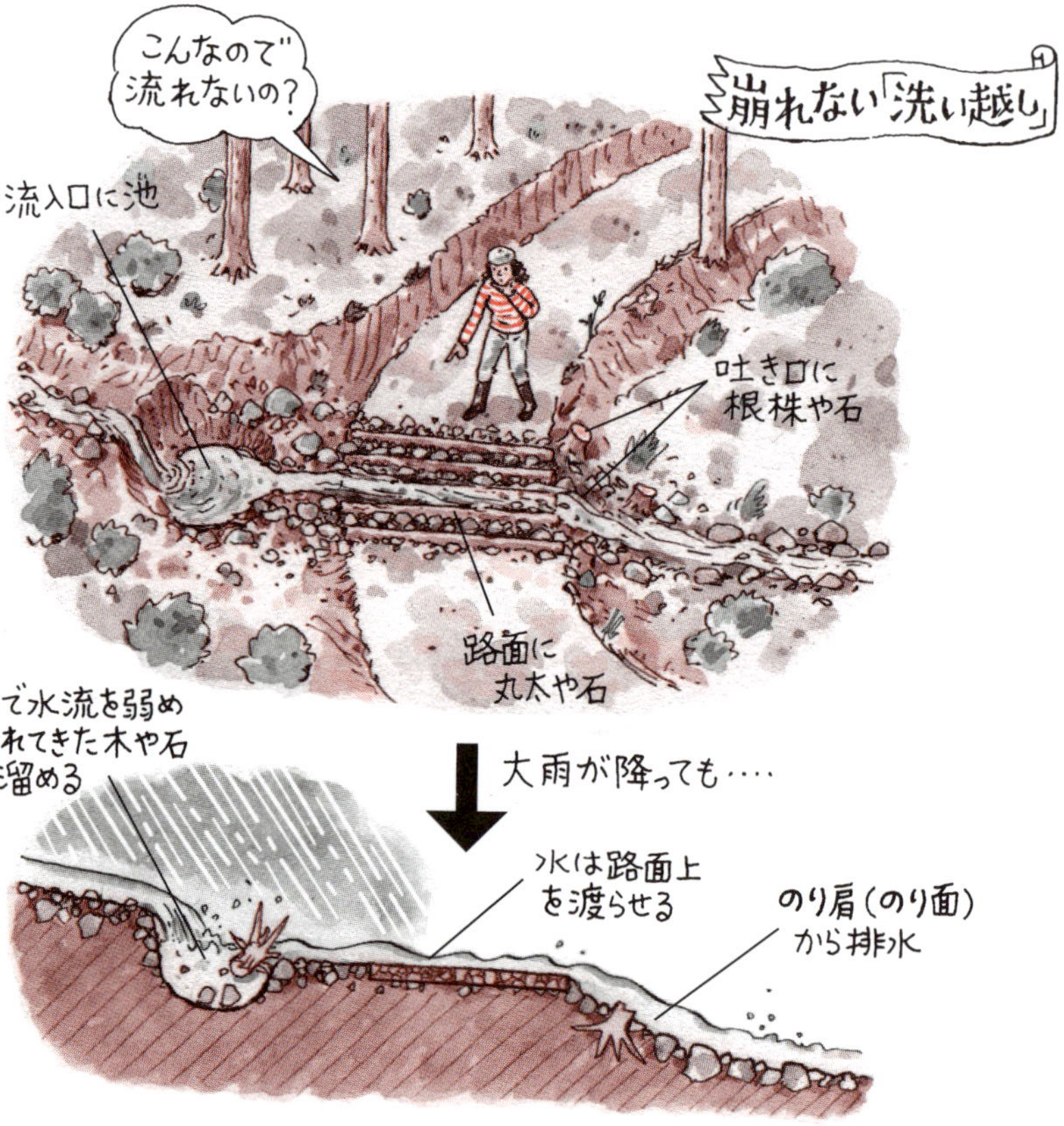
崩れない「洗い越し」
こんなので流れないの?
流入口に池
吐き口に根株や石
路面に丸太や石
池で水流を弱め流れてきた木や石を溜める
大雨が降っても‥‥
水は路面上を渡らせる
のり肩(のり面)から排水

石が多い。均して転圧するだけで水流に強い路面ができるものだ。

さらに、支障木を組み合わせて補強する方法も有効だ(上図)。沢がV字で河床が低い場合は、丸太を井桁に組んだり(「丸太組み」)石の量を増やして河床を上げればよい。

こうすると、水流の少ない沢の場合、通常は丸太と石の中を伏流する暗渠のようになり、増水のときだけ道の上を越流する。

車が通るのだから、道の上がそれに影響しない水深・流速になるような工夫が必要だが、路面を平らにし、その上を越流させれば、おのずと流速は弱まる。洗い越し全体のポイントは次の三つである。

・**水流に直角に渡る**……斜めに渡ると、沢の流れが下流側の道のほうに移動する危険があるからだ。

・**上流に池を掘って流速を落とす**……豪雨のときの流下物をここで貯めてクッションにできる。穴が掘れないような地盤なら、石や木で簡単な堰堤をつくって、同じような効果を

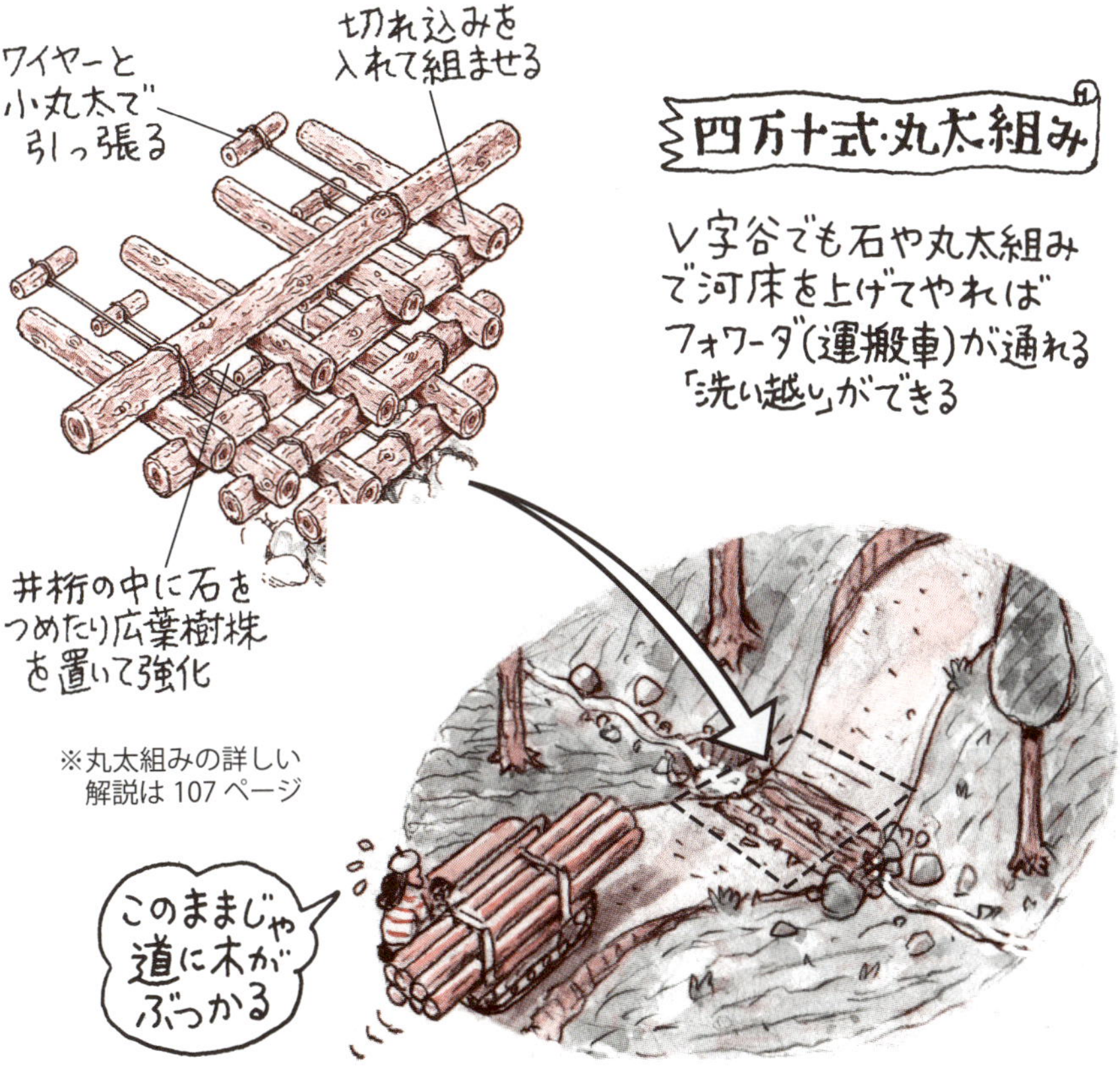
四万十式・丸太組み
V字谷でも石や丸太組みで河床を上げてやればフォワーダ（運搬車）が通れる「洗い越し」ができる
ワイヤーと小丸太で引っ張る
切れ込みを入れて組ませる
井桁の中に石をつめたり広葉樹株を置いて強化
このままじゃ道に木がぶつかる

※丸太組みの詳しい解説は 107 ページ

もたせる。水路における「落差工」の原理である。

・吐き口ののり面をしっかり補強……吐き口ではふたたび流速が早まるので強度をもたせる必要がある。林道開設中に大きな切り株や大きい石などが出たら保管しておき、吐き口ののり面に使うといい。涸れている沢ならば、のり面への広葉樹株の移植も有効である（ただし水流の中心からは外す）。

つねに水が流れている沢もあれば、雨降りのときだけ水流が見える涸れ沢もあり、一様ではないが、施業に関してこの三点は共通する。そして路面を水が「弱く、広く、浅く」流れるようにするのである。

このような「洗い越し」は、豪雨後のメンテナンスや復旧作業も簡単にできる。池や道にかぶさったゴミをどかし、路面をまた木や石で補強すればよい。豪雨で濁流が流れているときは危険で渡れないかもしれないが、そのようなときは作業しないのだから山に行かなければいい。

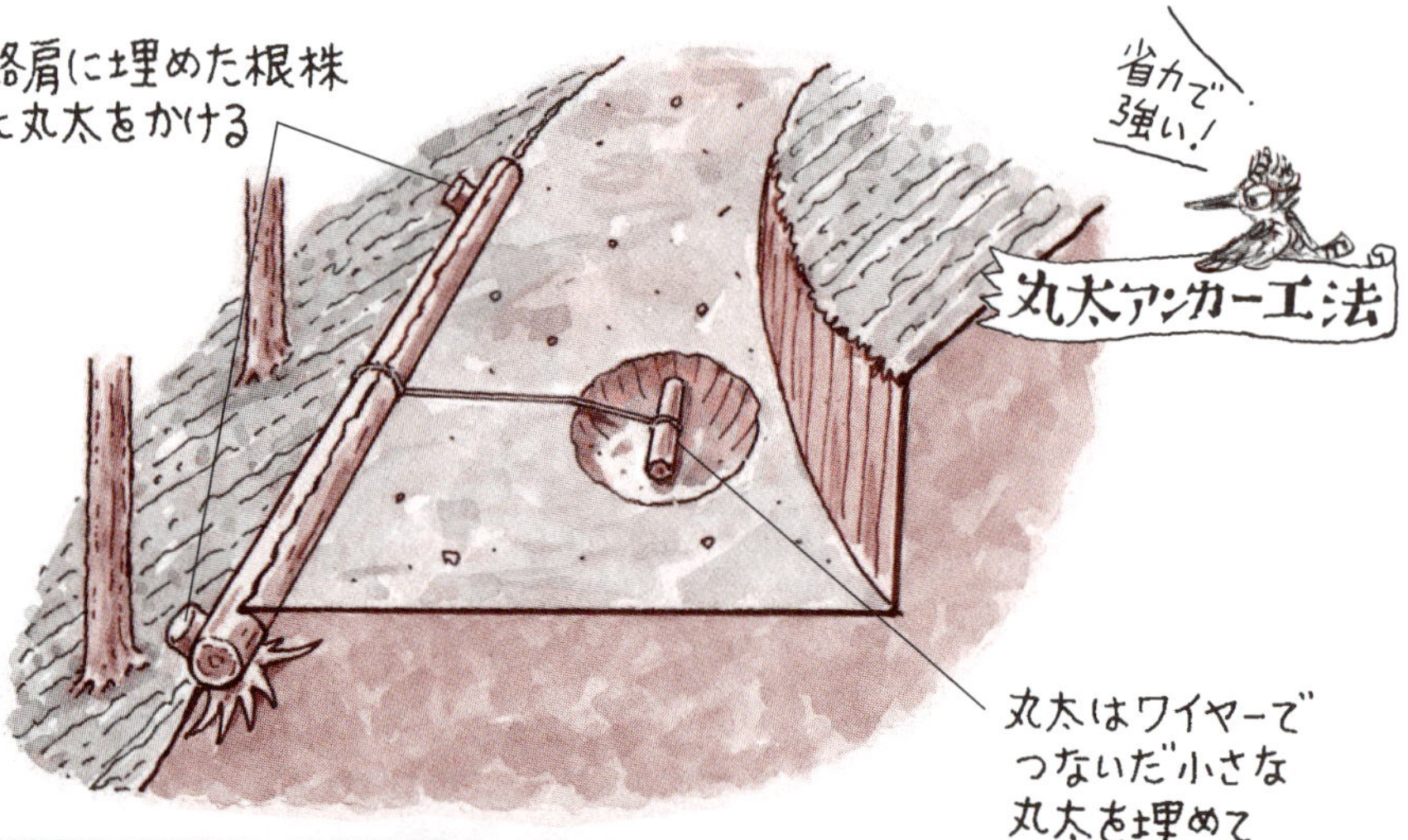
路肩に埋めた根株
に丸太をかける
省力で
強い！
丸太アンカー工法
丸太はワイヤーで
つないだ小さな
丸太を埋めて
アンカー固定

※アンカーの位置は
路面中央よりも山側
（切土側）へ

アンカーを穴にセットし、バケットで叩いてから埋め戻す。
詳しくは４章108～109ページ

7　その他の構造物

「丸太組み」はどうしても必要な箇所だけ

現地素材を使った盛土の補強に「丸太組み」が知られている。優れた技術だが、手間がかかるので四万十式では多用しない。表土ブロック積みと根株積みでこれと同じ効果を上げることができるからだ。丸太組みを使う場合については第４章で詳述する。

「丸太アンカー工法」

盛土の路肩に丸太一本を使った「丸太アンカー工法」は急斜面の横断などで用いる。図のように埋めた根株を止めに利用してもよく、通常はワイヤーと小丸太で二～三カ所のアンカーをとる。場合によっては二段三段にこれを使ってもよい。根株埋め込みと組み合

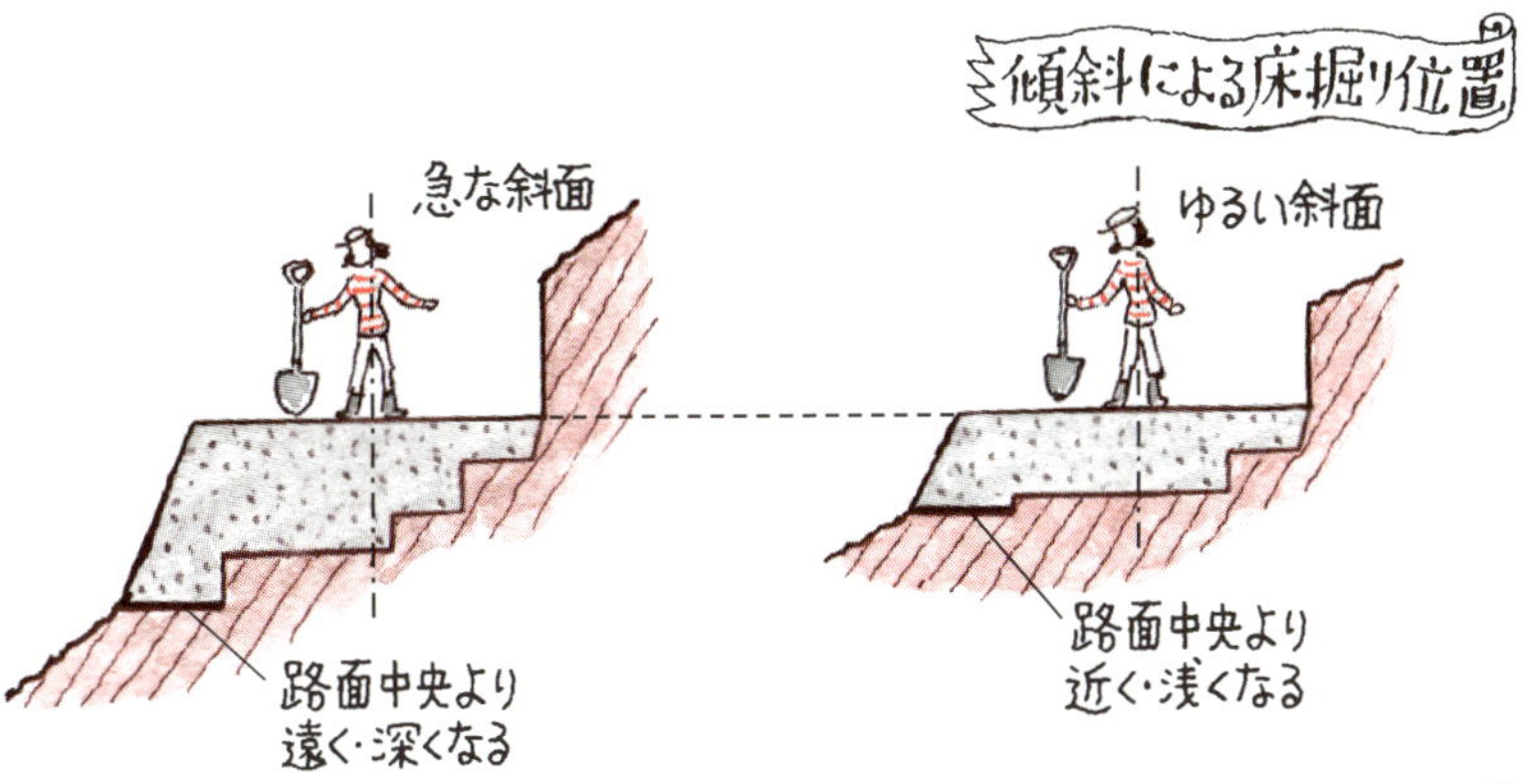
傾斜による床掘り位置
急な斜面
ゆるい斜面
路面中央より
遠く・深くなる
路面中央より
近く・浅くなる

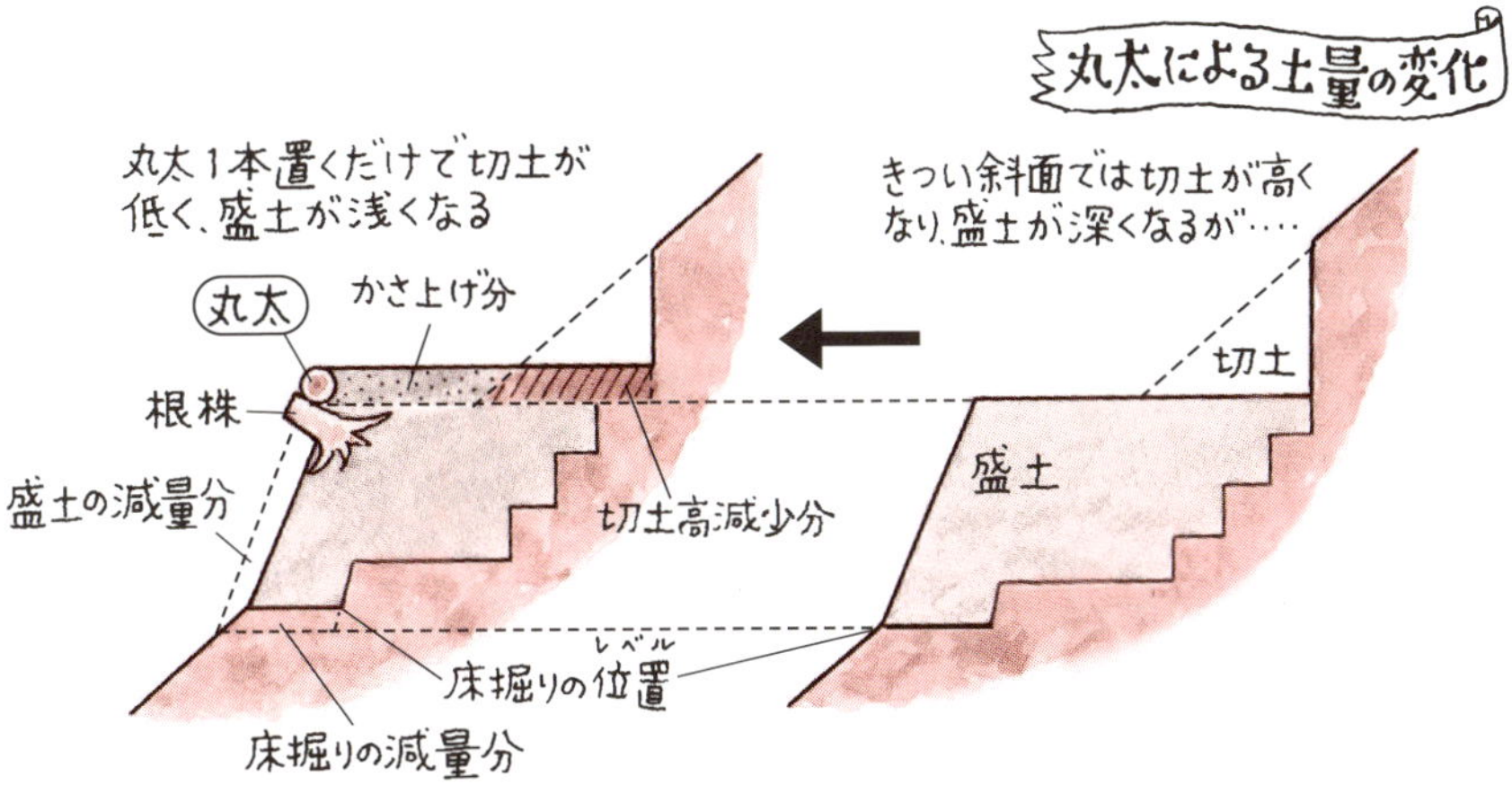
丸太による土量の変化
丸太1本置くだけで切土が
低く、盛土が浅くなる
きつい斜面では切土が高く
なり、盛土が深くなるが……
丸太
かさ上げ分
根株
切土
盛土
盛土の減量分
切土高減少分
床掘りの位置《レベル》
床掘りの減量分

わせると、バックホーが載ってもびくともしない路肩ができる。結果的に路面のかさ上げになるので、あらかじめ路面の最終レベルを想定しておけば、床掘りのレベルを上げ、切土を低くすることもできる。

以上、四万十式道づくりの発想と構造をざっと整理してみた。次の第3章では実際に作業道を開設するにあたってどのような準備が必要か、第4章では各工事における実際の作業手順やコツを図解する。

ここからは、いわばマニュアルであるが、注意していただきたいのは「作業道づくりに完全なマニュアルはありえない」ということである。

たとえば山林経営の方針、山のかたちや土質、雨量など同じ条件の山は一つもない。細かくいうなら、丸太を構造物に使うとして、その丸太に割れがあるか、腐りがあるか、の判断や基準は本書のおよぶところではない。読者自ら判断して、そこに自分や作業者の安全や命をゆだねなければならない。アンカーに使うワイヤーにしてもしかりである。

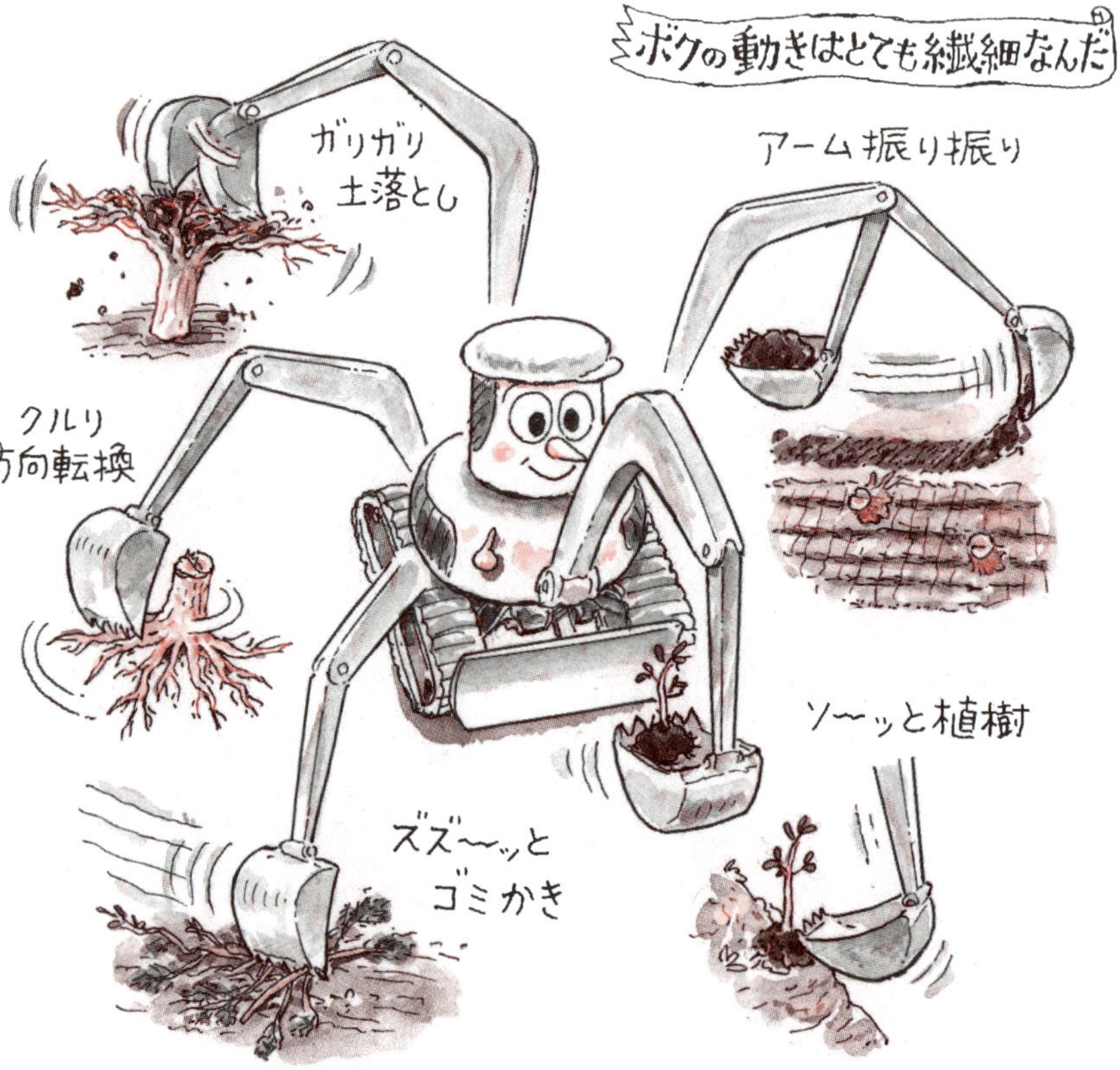
ボクの動きはとても繊細なんだ
ガリガリ
土落とし
アーム振り振り
クルリ
方向転換
ソ〜ッと植樹
ズズ〜ッと
ゴミかき

「道づくりはオリジナルが考えられないとダメ」「四万十町のやり方をそっくり真似したら必ず失敗する」とまで田邊さんはいっている。

本書では細かな数値的な説明は極力省き、知識や視覚でなく「直感的」に理解できるよう、写真よりもイラストを多用した。

どうか本書をそのように活用し、現場において読者自身が自ら考え、独自の仕様や工程を編み出し、さらに四万十式を発展させていただければと思う。

四万十式は
バックホーの
多彩な動きで
つくられる
まず
計画だね

第3章　新しい山の道のつくり方《計画篇》

四万十式作業道がつくれる条件、必要な機械・用具、人員、手続きとは？

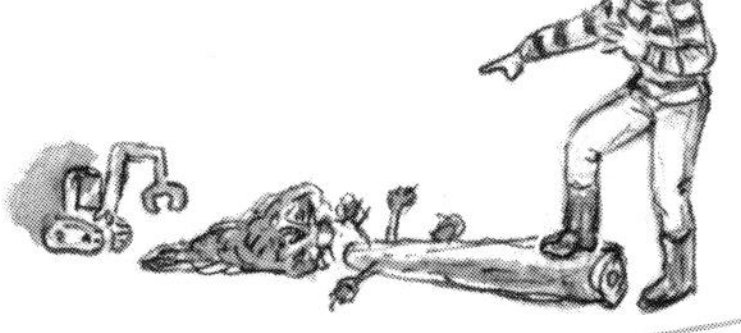

1 最適ルートを見つける
——集材・運材から導かれる道の条件

まず、何のための道づくりか考える

高知県四万十町の山は標高二〇〇〜七〇〇ｍ、現地の急峻な地形につくられたこの作業道を見ると、「ここでできるなら、日本のどんな山にでもつけられるだろう」と思わされる。実際、田邊さんは、全国各地のさまざまな地質や地形の山で、作業道づくりに取り組んでいる。しかし、そこには道を入れる必要のない地形や森林もある。

筆者が同行したコース選定の講習会の中で、あまりにも急峻な深い谷の山肌にコース取りをしたグループがいた。それを見た田邊さんの言葉は「ここは道をつける山じゃない、架線集材で出すべき」というものだった。谷の対岸にも急峻な尾根があり、架線向きの地形であった。架線集材のほうがトータルコストで軍配が上がるなら、それを選択すべきだ。

コース上に緩い尾根がずっと続いている場所ではこう言われたこともあった。「ここは作業道クラスの道でなく、やや広いトラック道を入れてしまったほうがいい」

トラックが走れるほどゆるい尾根なら、スピードと起動力のあるトラック道を入れたほうが合理的だ。トラック道は作業道よりもやや道幅が広く、傾斜がゆるい（最急勾配は一五％程度）というだけで、基本的には四万十式とつくり方は同じだが、経費は一ｍあたり一〇〇〇円ほど高くなる。それでも「トラック道をつくれる場所ならそれをつくって伸ばしておきたい。次の間伐のときに有利になるから」ということなのだ。道幅三・五ｍなら次回の間伐では一〇ｔ車を入れることができるのである。

他の地方でこんな例がある。トラック道がつくれる場所だったのに、四万十式をそっくり真似て、道幅二・二ｍの道を延々とつくってしまった。フォワーダ（集材専用の自走式機械）は急斜面には強いが、足は遅い。崩れない道はできたかもしれないが、集材のトータルコストという面では大失敗の道であった。「四万十式＝道幅の狭い高密度路網」と思い込んでしまったのである。それは大いなる誤解である。山を傷めないのであれば、道は広くて走り

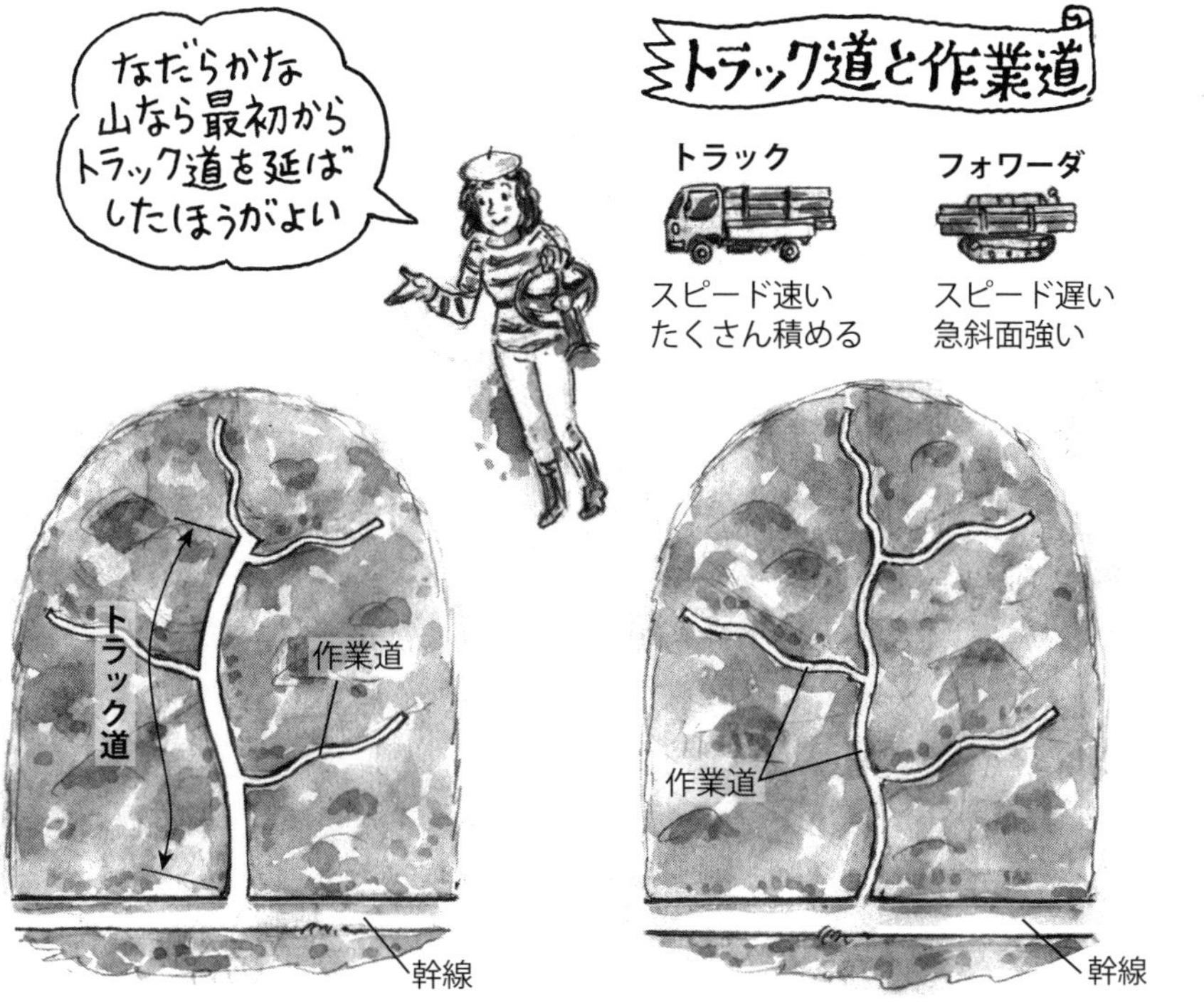
トラック道と作業道
なだらかな
山なら最初から
トラック道を延ば
したほうがよい
トラック
スピード速い
たくさん積める
フォワーダ
スピード遅い
急斜面強い
トラック道
作業道
幹線
作業道
幹線

やすいほうがいい。そして最後の毛細血管の難しいところを、四万十式でやればよかったのだ。

道づくりには経営感覚がなければならない。長伐期施業か間伐方式かでも、路網は変わる。むしろ路網密度はできるだけ低くして、最大の集材効果をあげるように考えねばならない。

また、平地や丘のような地形なら道をつけずともフォワーダで自走できる場合がある。下手に表土を引っ掻きまわして水路のような道をつけるより、道をつけず自走したほうがいい場合もあるのだ。

長年間伐が放棄され、線香林になり、あるいは獣害のひどい荒廃の進んだ山もまた、道を入れるべきではない。そのような山には道を入れても採れる材が極端に少ない。まずは伐り捨て間伐や巻き枯らし間伐を急ぎ、道づくりよりも森づくりを先行すべきである。あまりにも荒れた人工林は広葉樹の自然林に還すべきである。この方法については『図解　これならできる山づくり』（農文協刊）に詳しいので、参考にしていただきたい。

道はあくまでも「木を出す」ために付けるもので、道を開設しても将来にわたって採算が合わないと判断した場合は、開設すべきではない。バックホーのオペレーターが慣れてくると、往々にして必要のない道を付け始めたりすることがあるのでこれも注意する。

道の間隔は「どんな機械の組み合わせで木を出すか?」で決まる

木を出すための作業道づくり、ということを頭に叩き込んだうえで、真っ先に考えねばならないのは、「どんな機械で出すのか?」ということである。どういう搬出システムで丸太を出すか? で作業路の幅員や勾配も変わってくるのだ。

田邊さんの指導する四万十町では、グラップルで集材し、林内作業車(フォワーダ/クローラタイプ/二・八t積み/幅一・四〜一・六m)で土場まで運ぶ。以前は二tトラックも使っていたが、いまはこれに落ち着いた。

これらのベースマシンに適応する幅員は二・五〜三・〇m。急傾斜と多量の雨、という日本の山の特性から導き出された解答である。もっと大きなベースマシンの高性能林業機械を使いたい、ということになれば道幅はもっと必要になる。が、それがトータルコストでどうなるか? これは第5章で考察しよう。

作業道の間隔を五〇mとしてみよう。平均樹高が二〇mの山ならその木から近いどちらかの道側に倒せば、ほとんどの木は道ばたに頭が出る。最奥にある木でも、グラップルのブーム(材をはさむ腕)の長さがあるから引き出せる。

ただし、斜面が急であれば、やや道の間隔を詰めねばならない。数式で表すなら「道の間隔=(平均樹高+ブームの長さ)×2×cos θ」ということになる(θは地山の傾斜角)。

これに準拠して、手持ちの集材機械から作業率の高い道の間隔を考えればよいだろう。

道の最急勾配は「運搬方法」「上げ荷か? 下げ荷か?」で決まる

最近の4WD車は驚くほど高性能になっている。かなりの荷を積んでも急坂を上がっていく。が、トラックで木材を積むと後ろに重心が移動するので、急な登り坂では前タイヤが浮きそうになって危険である(ウイリーになってしまう!)。トラックで上げ荷なら最急勾配は一〇%以下にしなければいけない。ただし、幹線との接続場所が下の場合、つまり「下げ荷」なら急な道でもトラックは強い。

集材中のグラップル

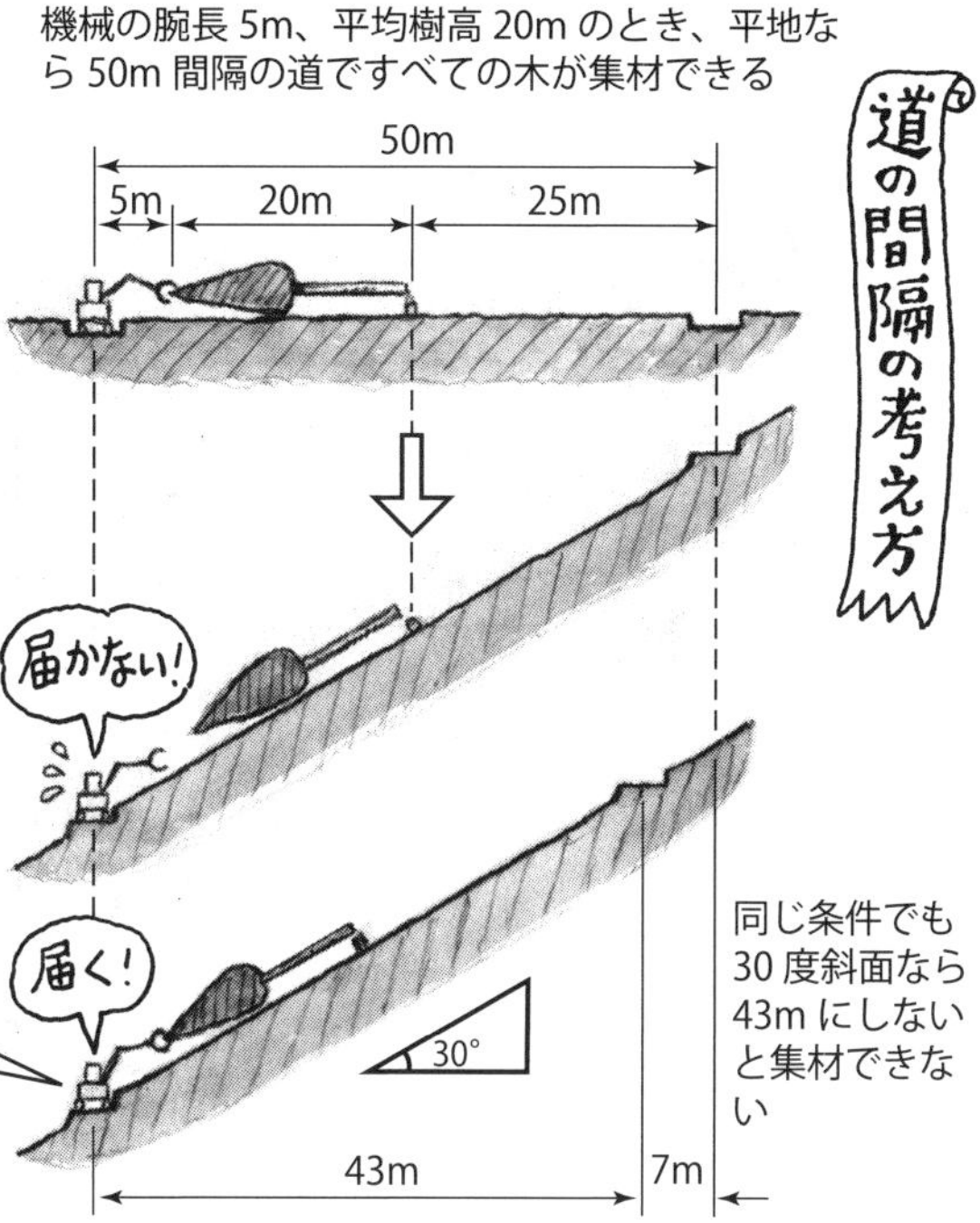

道の間隔の考え方
機械の腕長 5m、平均樹高 20m のとき、平地なら 50m 間隔の道ですべての木が集材できる
50m
5m
20m
25m
届かない！
届く！
30°
43m
7m
同じ条件でも30度斜面なら43mにしないと集材できない

傾斜角と cos θ 早見表

傾斜角	10°	20°	30°	40°
cos θ	0.985	0.940	0.866	0.766
×50m	49m	47m	43m	38m

COSθ

$$\text{道の間隔} = \left(\text{機械の腕長} + \text{平均樹高}\right) \times 2 \times \cos\theta$$

（5＋20）×2×cos30°＝43m

クローラタイプの林内作業車は急坂でも安定して荷を運べる。それでも、「上げ荷」で土場まで運ぶような現場では重心が常に移動するので、連続した急傾斜をとるのは避けるべきだ。

また、林内作業車には運転席が前後どちらでも操縦できるものがある（筑水キャニコム「SUPERやまびこBY460」など）。横に積み込むこのタイプは重心も安定するし、スイッチバックの道をつくれる。急傾斜ではカーブをつくるよりスイッチバックをつくるほうがずっと仕事が速い。

最急勾配は土質も考慮に入れねばならない。四万十町の山は粘土に岩質混じりなので、石畳のように堅牢な路面の場所が多い。このような場所では三〇％勾配（水平距離一〇ｍに対して高さ三ｍ上がること）までは平気だが、石の少ない土質ではややゆるく見ておいたほうがよい。ちなみに林内作業車の登れる限界は四〇％（約二〇度）である。

集材用の二ｔトラックによる集材はスピードが速い。また、公道もそのまま走れるので、市場へ直行できる。しかし、そのぶん危険でもある。その日の運転手の調子で、大事故を起こすこともある（作業道にはガードレールはないのだから）。林内作業車のほうが安全度は高いといえるだろう。

林業機械はカタログで選ぶな！　補助金があるからダメになる

どんな機械をどんなシステムで使うかを考えて購入しなければ、せっかくの機械もうまく動かない。「補助金があるからとりあえず高性能林業機械を買おう」で買ったはいいが、動かせる山や道がないとか、その山から木を伐り出すシステムに合っていないでお蔵入りとなり、ホコリをかぶっている林業機械のなんと多いことか。

高性能林業機械の定義は「二つ以上の機能があること」とされている。フォワーダには運ぶだけでなく、積む機能もついているものがあるのはそのためである。ところが、集材アームがつくことで、車両の重量が増す。フォワーダに装着されたアームで丸太を引き出し、フォワーダ自身に積むことは不安定な動作になる。日本のような急峻な山では、材を引き出し積むのは別の車両のグラップルで行ない、フォワーダは「運ぶ」という作業に特化したほうが、ずっと安全で仕事が早い。

カタログでエンジンパワーが大きいからといっても信用できない。重量を車輪にとられて、トータルの機動性が落ちていることもある。林業機械はまだまだ改良の余地がある。そして日本のメーカーは改良するだけの技術は十分もっている。

田邊さんは林内作業車のメーカーである㈱筑水キャニコムに掛け合って、四万十町の山に合う改良、マイナーチェンジを提案し、進化したオリジナル車をつくってもらったりしている。

メーカーには、その地方にあった（たとえば軟らかい土質でも登る車とか）機械の改良をどんどん提案してみよう。

日本の林業家ユーザーの要望からつくられたフォワーダ型・林内作業車「SUPER やまびこ BY460」2.8t 積（写真）は積載量と車重のバランスがよく、運転座席が両方向にありスイッチバック走行も可能。製造元は㈱筑水キャニコム（TEL.0943-75-2195）

2 最適ルートを見つける
――地形・地質条件を見わけるポイント

雨水処理を最優先

前章52ページに「雨は林道最大の敵」と書いたが、地形的にはそれをどのように押さえておけばよいか？　要点と基本事項を頭に入れておこう。山には地形を大きく分ければ「尾根」と「谷」と「山腹斜面」と「丘」がある。ここに道をつけるとして、雨と排水に関してどのような注意が必要だろうか。

・**尾根**……尾根を中心に雨水は左右に振り分けられる。上に飛び出した場所なので、集まった水は流れてこない。つまり、水は集まりにくい。斜面に比べ尾根のラインは傾斜がゆるい。いつも風雨にさらされているので、柔らかな土は流れ、石が多く、道はつくりやすい。S字（ヘアピンカーブ）の適地。

・**谷**……雨が上流と両側から集まるところ。ただし、豪雨のたびに土が流れているので、ジャリや石が堆積していることが多い。地質的には、尾根に似ている。道はできれば避けたいが、「洗い越し」で渡ると、全体の路線がまとまりやすい。付近に崩壊地やガレ場、湧水地があるので要注意。

・**山腹斜面**……傾斜が強いので等高線に沿った道をつけることが多い。集材路に最適だが、一定の傾斜がつきやすく雨に崩壊しやすいのもここ。ここの道は意識的に上下させ、水を逃がす必要がある。平斜面にS字カーブはほとんどつくれないが、スイッチバックはつくりやすい。

・**丘**……水がゆっくり流れる、または溜まりやすい場所。表土が厚く、半切り半盛りの道がつくりにくい。両側が切土の道になりやすい。そうなると水路や水の溜まり場をつくってしまうようなもの。それを避けるために、地形の変化点を探すとよい。

なだらかな斜面や丘が続く場所は、雨水排水の観点からは意外につくりにくく、苦戦を強いられる。むしろ小さな尾根と沢が二つ三つ連続するような場所のほうがつくりやすい。平坦な斜面では、棚やコブなどの変化点をうまく利用するようにしたい。

崩れる林道の配置
この山に管理しやすい道、どこにつけようか？
尾根
沢
幹線
やっぱり谷筋は排水の工夫が大変だし、尾根は地が固くて工事しにくいから、こんなカンジかな
道から遠くて集材しにくいところもできる
しかし大雨が降ると
あらら……道が川のようになって決壊しちゃった！

登りは尾根に、水平に作業路を出す

山の地形の中で、尾根はつねに風雨にさらされる場所であり、養分豊富な表土は流されて少なく、岩石が多い。また、工事は難しく、スギ・ヒノキなどは育ちが悪い。また、谷の横断には排水の配慮が必要になる。そこでふつうは尾根や谷を避けた道を通したくなるものである。

ところが、山の中腹だけを選ぶレイアウトでは、道に一定の傾斜をかたちづくることになる。豪雨の際に雨が川のように流れ、崩壊しやすい道になる。また、道に傾斜があると作業道としては集材や積み込みがしにくい。重量のある木材が相手であるから、これは安全上よろしくない。林道から遠くなって集材しにくい場所も生まれる。

日本のような傾斜の強い山に道をつけるとき、作業道を水平にとることは物理的に困難だが、「登りは尾根で、作業路は水平に伸ばす」という方法でこれを解決することができる。道を「登はん路」と「集材路」の二つに分けて考えてレイアウトするのだ。つまり尾根筋をS字登はんで登り、そこから水平に枝線を何本も出していくのである。

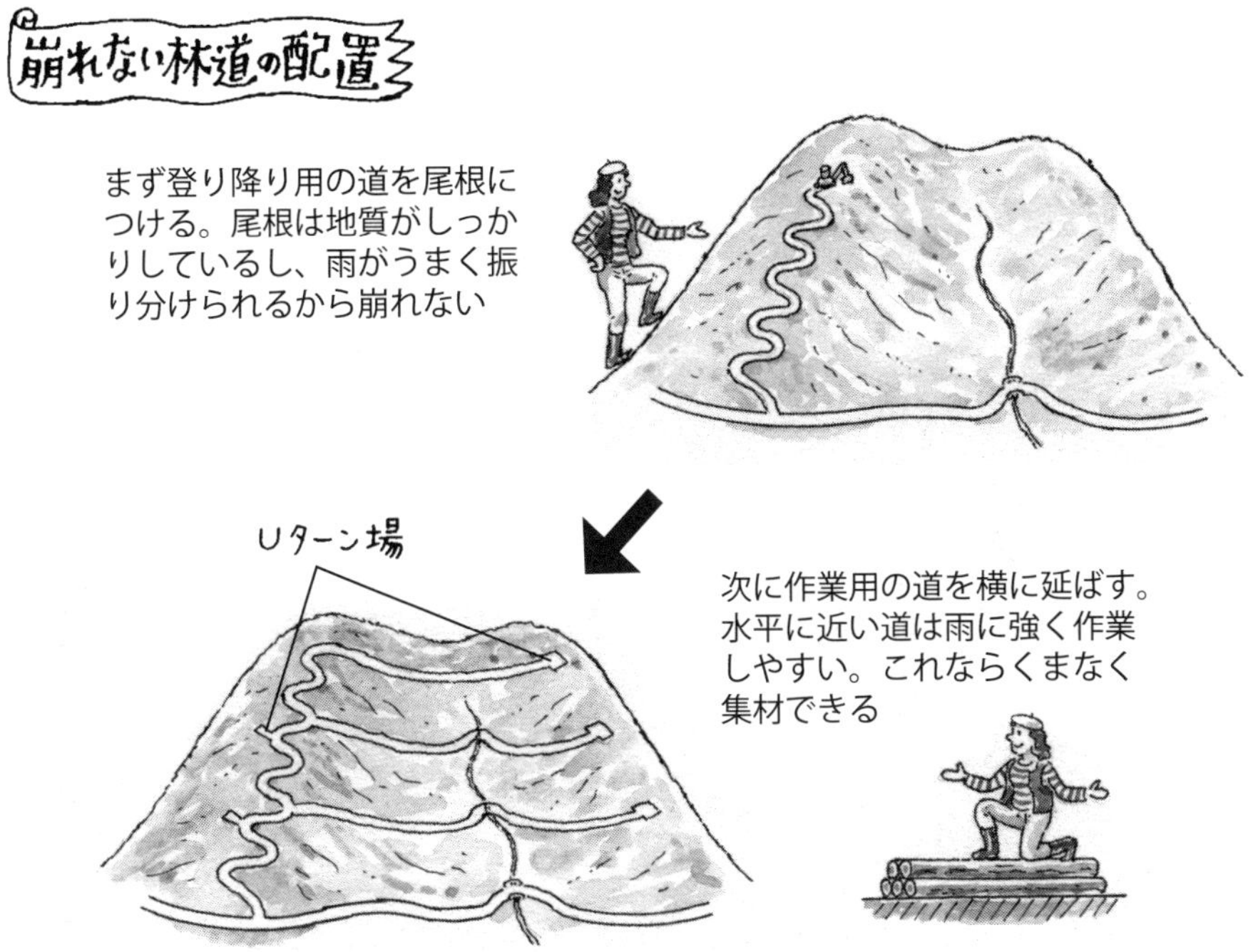
崩れない林道の配置
まず登り降り用の道を尾根につける。尾根は地質がしっかりしているし、雨がうまく振り分けられるから崩れない
Uターン場
次に作業用の道を横に延ばす。水平に近い道は雨に強く作業しやすい。これならくまなく集材できる

枝線（集材路）の間隔は使用する機械の種類、長さにもよるが、作業道の上下二〇〜二五ｍずつを集材の守備範囲と考えれば、四〇〜五〇ｍピッチで作業路を配置すれば理想的だ。

移動路でしかも作業路という道

さて、この尾根の登はん路だが、ただの作業路でなく集材路としても使えるようにＳ字を大きく描くと、カーブの回数が減り、工事がラクになる。大きいＳ字であれば傾斜のゆるい部分も生まれ、移動に使うだけでなく集材もできる。しかも道の上も下も、ぐるりと大きく木が採れてムダがない。

一方の作業路については、水に押し流されないよう谷筋を「洗い越し」で直角に横断するのが基本だが、ここを大胆に大きなＳ字で登ってしまうという発想も可能だ。谷筋が尾根筋同様、地盤が硬いということを利用するのだ。そうすれば谷が移動路にもなる。

そして、こうやってできる尾根と谷の両方の大きなＳ字の道を、なだらかな道でつないでいく。すると、最小の工事の手間、最短の路網延長で最大の集材効果を発揮できる路網ができる（すべてが移動

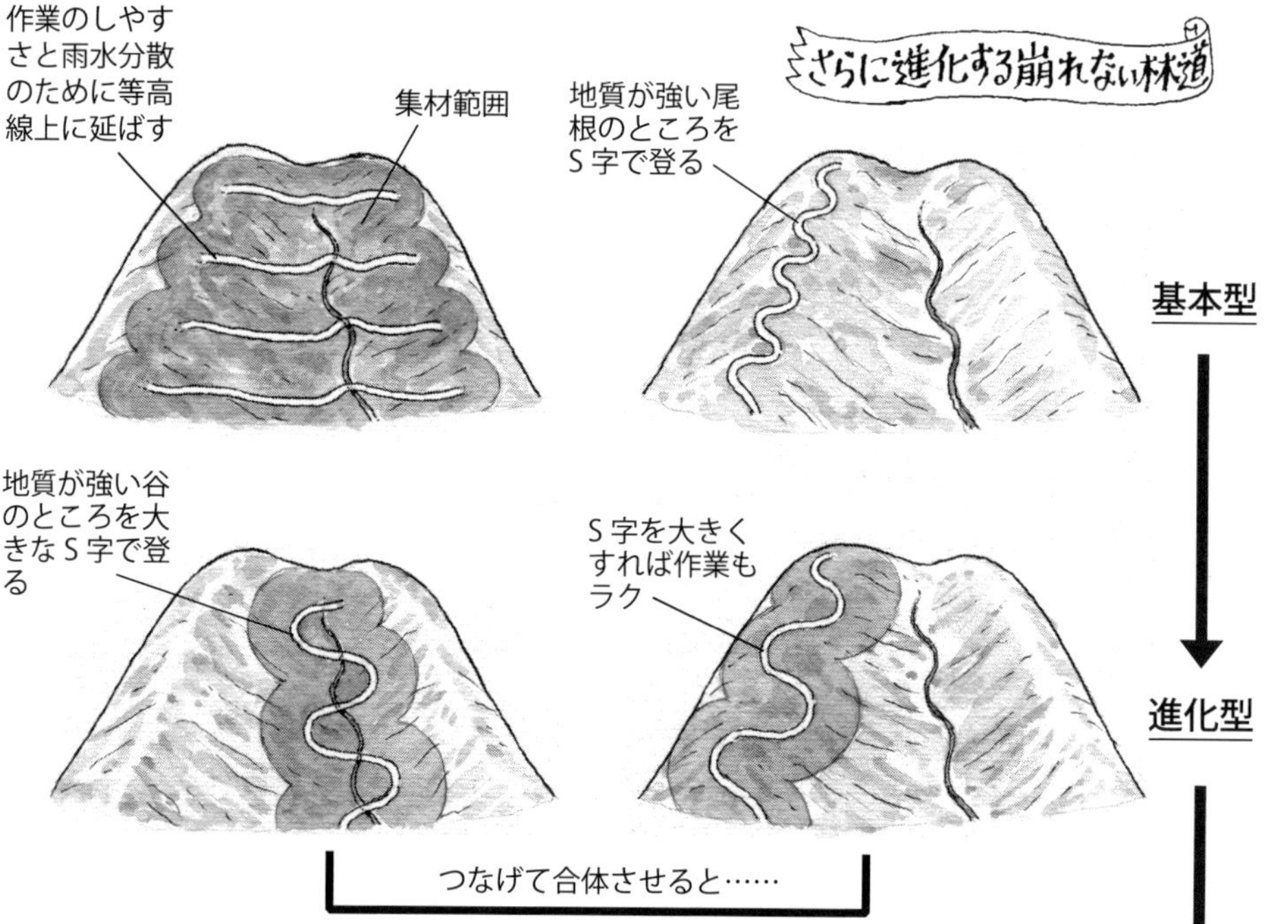
さらに進化する崩れない林道
作業のしやすさと雨水分散のために等高線上に延ばす
集材範囲
地質が強い尾根のところをS字で登る
基本型
地質が強い谷のところを大きなS字で登る
S字を大きくすれば作業もラク
進化型
つなげて合体させると……

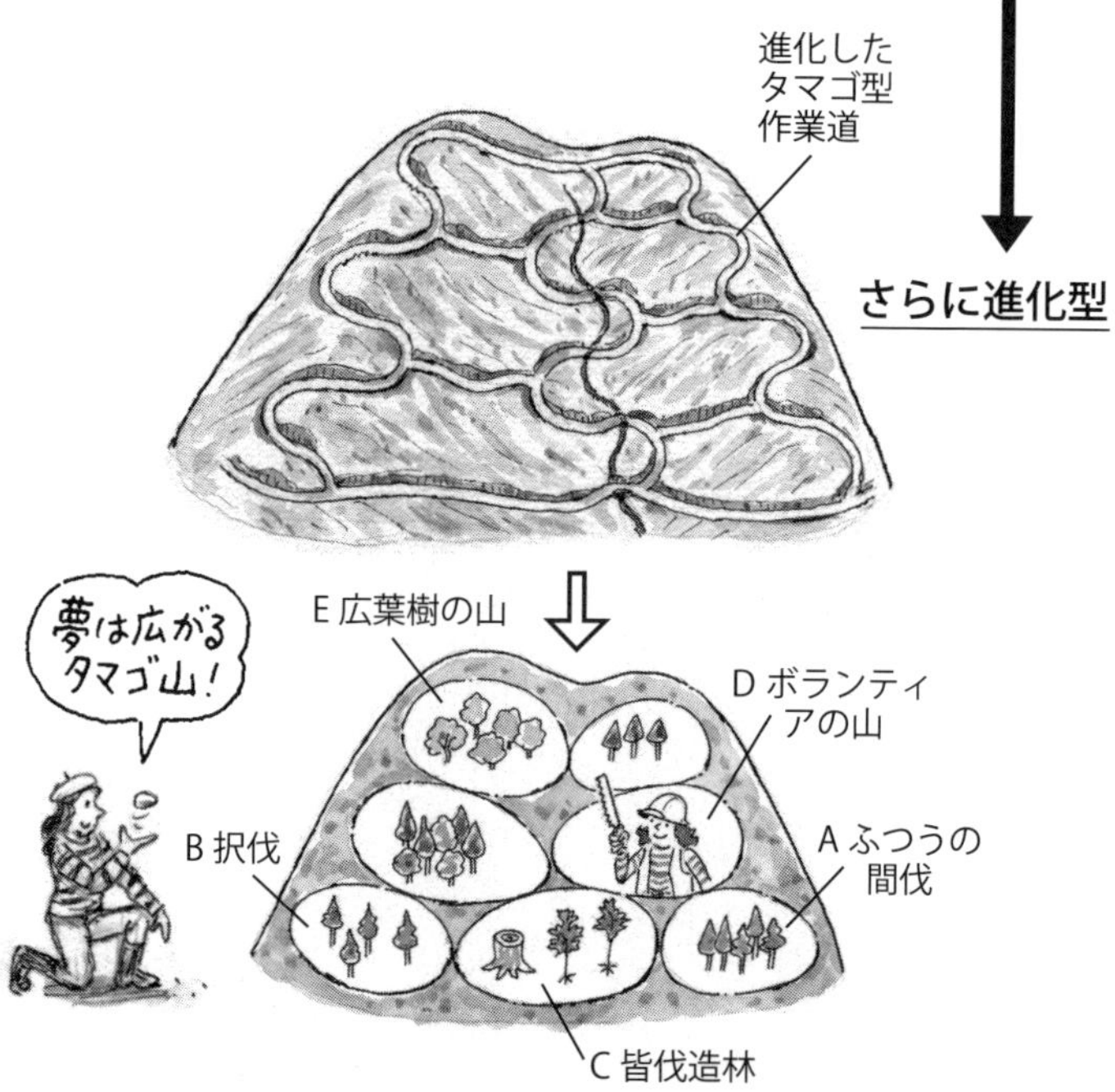
進化したタマゴ型作業道
さらに進化型
夢は広がるタマゴ山！
E 広葉樹の山
D ボランティアの山
B 択伐
A ふつうの間伐
C 皆伐造林

路、集材路になるから）。田邊さんの道づくりは現在このように進化している（右図）。

タマゴ型の循環路

図でわかるように、このような道はタマゴ型にくくられた循環路になる。面白いのはこのタマゴの中を施業のひとくくりと考えると、作業のメドもつくし、材のお金の計算もわかりやすいことだ。たとえばA区画をふつうの間伐とするなら、やや生長のいいBを択伐施業（良材を抜き伐り）にして換金度を高めたり、幹線に近いCは皆伐して再造林する、というような区切りをつけることができる。また、市民ボランティアに施業を頼んだり（D）、林間栽培でキノコやワラビなどを育てるプラン（E）に発展させるとき、林道という環で区切られていると、境界がはっきりして安心である。タマゴ型の道はさまざまな夢を生み出してくれる道でもあるのだ。

地形によってはムリをしない

その他の道づくりの条件として、地形的には斜面の方向も重要だ。たとえば北斜面は陽当たりが悪く、雨が降った後が乾きにくい。道をつけるにはあまりよい条件とはいえない。

バックホーで動かせないような大きな岩石が出たら、石の上下左右どちらかの方向に回り込んで通過すると、工事費がかからない場合が多い。

ガレ場（ザレ場、崩壊跡地）を通るときは、切土をできるだけ低く抑える。

また、沢の石を観察する。沢の石にコケが着いている沢は、豪雨でもわりと安心。コケがついていない石ばかりのところは、大雨の際にいつも石が流れているところ（水が出やすい）なので、「洗い越し」には十分な手間をかける。

土質はとくに選ばないが

一方、四万十式の道づくりでは山の土質はとくに選ばない。ここでは土質を大雑把に、粘土、砂質土、レキ（小石）の三つに分けて考えてみる。

粘土……粒子が細かく、水を跳ね返すかわりに、土自身の中に水分を隠し持っている。粘るので垂直切り土は崩れにくく、盛りやすい土だが、一度ほぐしたものを転圧すると、中の水分が浮いてきて粘り始めることがある。粘土が何らかの原因で粘り始めたら、工事を中断して乾くのを待つべきで、乾かせばふたたび施工を続けられる。

砂質土……粘性が少ないので、切土がやや崩れやすく、盛りにくいが、水の通り抜けがいい。締め固めれば強固な路面となる。

土質は選ばないけれど地形条件ではムリをしないように・・・・

粘土層・変成岩レキ混じり土……徳島県穴吹町の山林。開削後、転圧を後回しにして雨に降られ、どろどろに練られてしまった例。排水勾配のない所では水たまり状になっていつまでも乾かない。盛土後すぐに転圧すればこのようなことはおきない

粘土層・砂岩レキ混じり土……高知県四万十町の山。転圧をかけ、表面の粘土が雨で流されると、写真のような石畳状になり、強固な路面ができる

レキ（小石）……それだけで盛ったらガラガラと崩れてしまうが雨には流れにくい。レキを路面にまいたりすると、非常に強いものができる。レキだけでなく他の土と混じっていることが多い。

関東ローム層や黒ボク土などの火山性の土は、性質は粘土に近い。この他に、鹿沼土とも呼ばれる軽石やマサと呼ばれる風化花崗岩の砂があるが、どちらも切土にしたとき自然に崩れ始めるほどサラサラしている。

いずれにしても、四万十式は表土ブロック積みと根株埋め込みを併用し、植物の根で押さえることで、土質の弱点を覆い隠すことができる。低い切土とも相まって、土質を選ばずつくることが可能だ。また、雨水排水を徹底して考慮している点も、道が乾きやすく優れている。

火山灰土等の切土が崩れやすい土では、崩れるのを見越してやや道幅を広くつくる。安定勾配で崩壊は自然に止まり、それ以上崩れることはない。

ちなみに、四万十町の山はレキ混じりの粘性土が多い。台風等の大雨がくると、表面の粘土が流れて石畳のような道になる。

土木作業の常識として雨の日は作業をしない。土を扱う仕事に雨は禁物である。粘土や火山灰土では、

特殊な
火山灰土の
層は薄い

黒ボク土……火山灰土の一種。写真は岡山県新見市のものだが、関東でも見られる。表土層とローム層に挟まれている。植物性の有機質を含み、一見粘土のようだが、ほぐされるとポクポクした固まりにくい土になる

軽石層……群馬県の山間部にみられる浅間山の噴火由来の火山岩の粒。風化花崗岩のマサ土と同じでサラサラと崩れる。ただし層の厚みは薄く森林では根がまいているので切土が低ければ大きな障害はおきない

道をキャタピラで練ってドロドロにしてしまう。工事の途中で雨が振りそうになったら、すでに掘削したところは必ずその日に転圧を済ませておくことである。

道づくりの最終判断は現場で

ところで、あまりにも急傾斜な場所や岩盤が連続して露出している場所、地すべり地帯、大きな崩壊地などは四万十式で作業道を入れるべきではない。もともと、このような場所は樹木の生長が悪いので造林に不適なのだが、拡大造林の時代には「土のない場所へ、土を背負ってまで植えにいった」と言われるくらい、こうしたところにも無理に植えられた例がある。このような場所に道を通さなければならないときは、一般の土木の手法に頼るべきである。

しかし、小さな崩壊地跡や多少の湧水まで怖がっていたら、いつまでたっても道はつくれない。地形図、航空写真、地質図等から情報を読み込むのにも限界がある。崩壊を怖がる前に、まず崩壊を誘因するような間伐遅れの人工林を放置せず、林内に広葉樹の中層木が発達する災害に強い森を仕立てるのが先決だろう。

「現場で自ら考え、感覚を磨くこと、失敗しないと成功はない」と田邊さんは言っている。そして「できたら実物（四万十町の）を見るのが一番」とも。

人員と道具
四万十式は2人と1台！
バックホーオペレーター氏
前伐り氏
腰ナタ（あればノコも）
丸太アンカー工法用の捨てワイヤー
玉掛け用ワイヤー
チェーンソー

3 必要な道具・機械と人員

道具はナタ、チェーンソー、ワイヤーのみ

四万十式作業道に必要な道具は、あきれるほど少ない。先行する前伐りには腰ナタとチェーンソーがあればよく、路肩に「丸太アンカー工法」や「丸太組み」を行なうときにアンカーに使うワイヤーを数本用意していればいい。チェーンソーは伐倒用のごくふつうのもの。掛かり木はバックホーのアームで押してもらえばいいので、木回しなどもいらない。

バックホーは排土板付きの中型機

四万十式作業道はバックホーのあらゆる能力をすべて発揮してつくられるので、非常に重要な機械である。以下の点に留意されたい。

バケット容量は〇・二〜〇・二五㎥（このバケット容量だと車重は四〜八t程度）。大きすぎると細か

バックホーの条件
キャタピラは金属製
アームは
長い方が有利
ライトなど
付属品なし
小旋回なら
切土を
壊さない
排土板付き
バケット容量は 0.2〜0.25 ㎥が適当
根株
埋め込み
中…

い作業ができない。小さすぎても根株などが抜きにくい。

バケットは安全フック付きのものがよい。ワイヤーで丸太を吊るとき便利。

排土板付きのもの。土の移動に便利で、大石や大きな根株をバケットに載せるときも、ここで挟める。

車体が小旋回のもの。旋回範囲が大きいと、垂直切り土なので作業空間が狭い。旋回範囲が大きいと、ボディのお尻が切土面に当たってしまう。

アームは長いほうが床掘り・転圧がしやすく、ライトなどの付属品がないほうがいい。立ち木に当たることがある。

キャタピラ部分はゴム製でなく金属製がよい。路面にレキを敷き込めるときも転圧がよく効く。

バックホーの徹底活用

「土を掘る機械」というイメージが強いバックホー。しかし林道づくりでは、それ以外に実にさまざまな仕事をこなす。ときに重機とは思えないくらい繊細な動きも見せる。

バックホーは、人力ではとても動かせない重たい倒木を、たやすく移動させる。三〜四本をまとめて

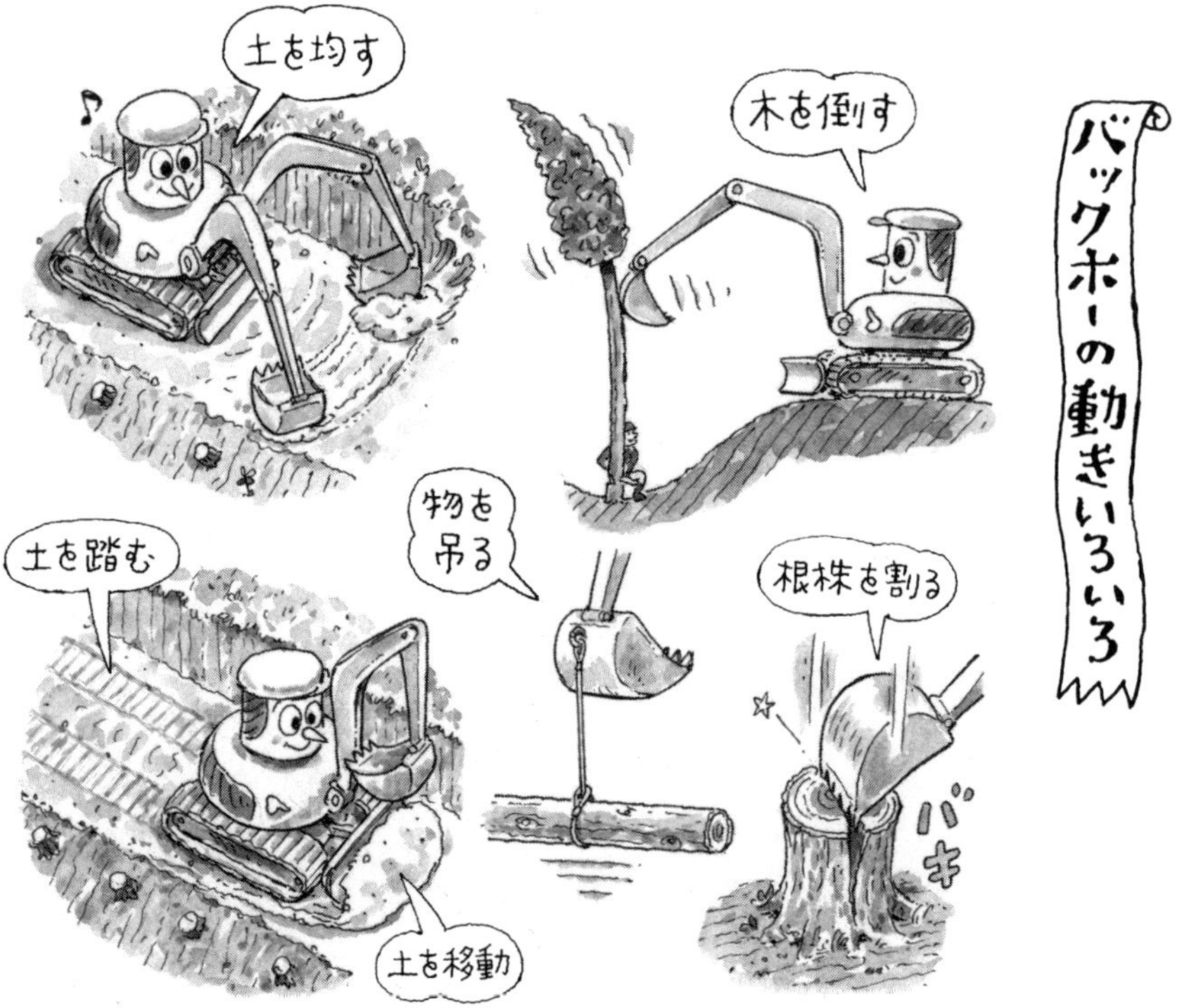

ワイヤーで縛り、土工のジャマにならない場所に引きずっていく。一方で、散乱している枝葉をバケットのツメで集めて場外に出したりもする。まるでホウキで掃いているかのような細かい作業だ。

根株を処理するところを見ていると、バックホーのバケットがいかに多彩な仕事をこなしているかがよくわかる。引き抜く、起こす、土を落とす、引っ掻いてつぶす、回転させる、ハンマーのように叩く、土をかける、転圧　などなど（62ページの図参照）。

土の移動や締め固めはおもに排土板やキャタピラで行なうが、バケットの背の部分も頻繁に使われる。

「丁寧に丁寧に」が崩れない道づくりのコツだ。四万十式作業道はたった一台のバックホーでつくられる。バックホーのあらゆる機能と技能を結集してつくられるといってもいいかもしれない。だからこそ、オペレーターの誠実さと向上心、そして山への愛着が、この道づくり成功の鍵となる。

作業は二人組で

四万十式作業道づくりの人員は「前伐り」一名と、「バックホーオペレーター（運転手）」一名の二人組で行なう。先にコースは決めてセンターラインにテープを入れておくが、現場で臨機応変に変更もありうる。「前伐り」はこのコース取りもできる能力がある人が望ましい。

田邊さんたちのチームは、田邊さんがルートの選定をするとともに、「前伐り」作業も田邊さん自身がこなすこともある。このようにルート選定者が前伐り作業をするのが理想的だろう。

ルートの選定には「地形や地質を読む能力」と同時に「山林経営のセンス」が必要になってくる。どんなに優秀なオペレーターが育っても、このコース選定を誤ると道は意味をなさなくなる。ルート選定の要領と「前伐り」氏の動きは次章で詳述する。

バックホーの運転免許のとり方

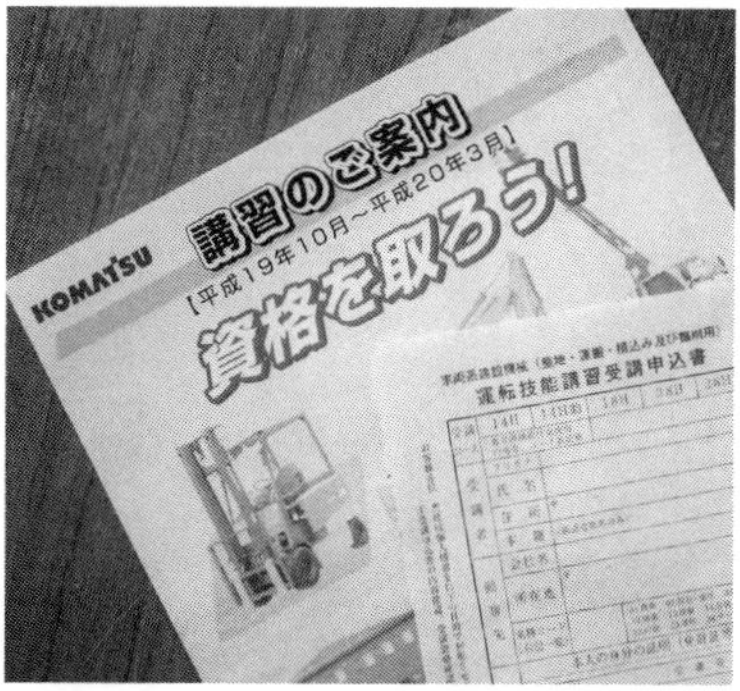

助成金や給付制度による割引もある

バックホーは分類上「車両建設機械」となり、公道を走るには道路交通法の免許「大型特殊」が必要となるが、クローラタイプのバックホーは公道を走ることはないので、林道づくりには大特免許は要らない。

ただし、労働安全衛生法による免許「技能講習終了証」が必要となる。車両系建設機械（整地・運搬）の運搬作業に関する技能講習を受けることが義務付けられているのだ。

講習はコマツなど車両メーカーが教習所を開いており、講習後「技能講習終了証」を交付してくれる。

筆者の地元、群馬のコマツ教習所群馬センターの場合、資格・業務経験がない場合、三八時間コース（五日）で費用は九万七一〇〇円である。

また、作業道づくりではバックホーの安全フックにワイヤーをかけ、丸太を吊るなどの「玉掛け」作業がある。労働安全衛生法により「玉掛け技能講習」を受ける必要がある。

クレーン等の業務経験がない場合、講習費用は十九時間（三日）で二万円程度である。

4 費用と手続き

支障木と間伐材の代金で経費は出る

四万十式作業道の作設単価は、一mあたりおよそ一五〇〇～二〇〇〇円である（従来の林道は一m四〇〇〇〇円ほど）。参考までに平成十九年に某所で行なわれた作業路研修会での資料を紹介しておく（左ページ）。

これに対して道が通ることによる利益を、支障木と間伐材の販売代金を見ながら試算してみよう。

現場を胸高直径二五㎝のスギ人工林と考えてみる。持続可能な山づくりをめざす鋸谷式間伐の密度管理図（『図解　これならできる山づくり』六六ページ）をもとにすると、この太さの樹だと限界成立本数は一haあたり一六〇〇本（間伐を放棄している荒廃林の例）となる。これを強度間伐して七〇〇本まで落とす。収支は九〇〇本だが、荒れた山の間伐だから多くが劣性木として実質市場へ出せるのは半分以下の四〇〇本と考えてみる。四m材一玉の末口直径一八㎝とすると、一本あたりの材積は約〇・一三㎥（JIS規格の計算「末口直径二乗×長さ」による）。一haあたりの搬出材積は五二㎥である。

スギ立木価格一㎥一万円として合計では五二万円になる（〇・一三×四〇〇×一万＝五二万円）。

一方、五〇m間隔で作業道を入れるとすると、一haあたり二〇〇mの道が必要になる。作設単価一m一五〇〇円として三〇万円。差し引き二二万円の黒字。これには伐採手間と集材手間、市場までの運賃が抜けているが、それらを入れても赤字にはならないだろう。ヒノキであれば確実に黒字になる。

ちなみに、支障木は作業道三mに一本出ると換算すると、二〇〇mで六六本。半分が使えるとして、スギ材で約四万円である。支障木だけでは作設費用の回収は難しいが、それでもヒノキ材ならかなり充当できるだろう。

自分で伐採・集材・市場へ自走すれば？

さらにもし、伐採・集材・トラックによる輸送を山林所有者が自分で行なった場合、安値の極致であ

四万十式作業道の開設経費

	工種	規格	数量	単位	単価	金額	備考
作業路	特殊運転手	バックホー運転	4	日	16,200	64,800	
	普通作業員	伐採手	4	日	12,100	48,400	
	職員世話役	路線選定	4	人	15,000	60,000	
	重機リース	バケット容量 0.25 ㎥	4	日	8,000	32,000	短期リース
	燃料費	バケット容量 0.25 ㎥	3	日	1,800	5,400	
	重機回送費	バケット容量 0.25 ㎥	1	往復	26,000	26,000	
	機械損料	チェンソー	4	台・日	1,200	4,800	
	消費税		5	%	68,200	3,410	リース・損料のみ対象
	小計					244,810	

注）稼働状況：1日目：AM 回送／ PM 稼働　2日・3日：稼働　4日目：AM 稼働／ PM 回送
実稼働3日間で 150m の開設（50m ／日）とした場合、244,810 円 ÷150m＝1,630 円／ m

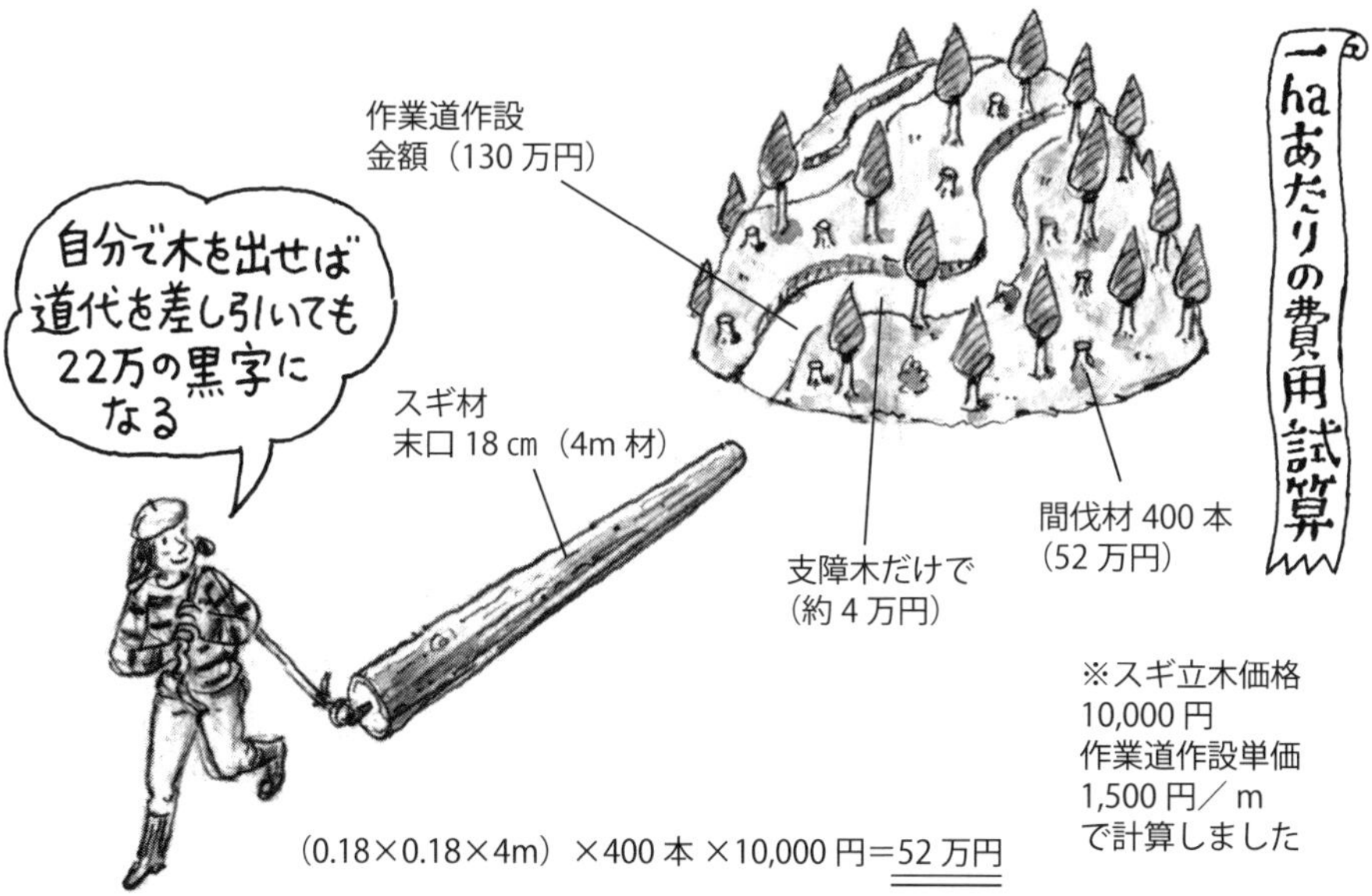
一haあたりの費用試算
作業道作設
金額（130 万円）
自分で木を出せば道代を差し引いても22万の黒字になる
スギ材
末口 18 ㎝（4m 材）
間伐材 400 本
（52 万円）
支障木だけで
（約 4 万円）
※スギ立木価格
10,000 円
作業道作設単価
1,500 円／ m
で計算しました
（0.18×0.18×4m）×400 本 ×10,000 円＝52 万円

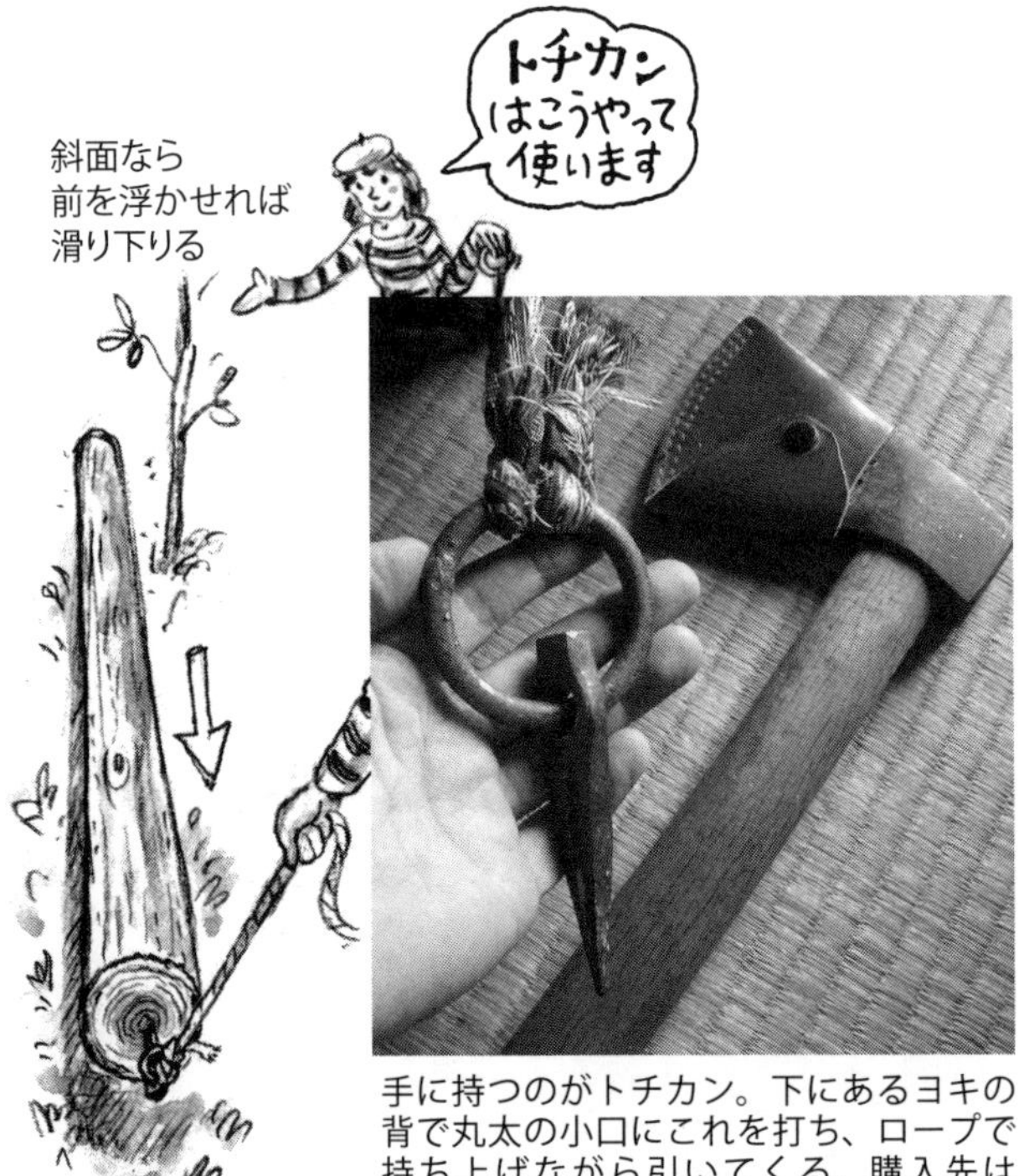
トチカンはこうやって使います
斜面なら
前を浮かせれば
滑り下りる

手に持つのがトチカン。下にあるヨキの背で丸太の小口にこれを打ち、ロープで持ち上げながら引いてくる。購入先は「広瀬重光刃物店」http://www.kajiyasan.com/

るスギ丸太でさえ、差し引き二二万の受益が丸々残る。

　この場合、素人ならなにも集材にグラップル（現在、地方によりレンタルは困難）を使う必要はあるまい。原始的な道具「トチカン」（左写真）などを使って、すべて下げ荷で道まで引きずり下ろしてもいい。助っ人ボランティアと四人で、一人一日二〇本を下ろせば五日で終わる。軽トラで何度かに分けて土場まで運び、四ｔトラックをレンタルして市場まで自分たちで運べば、二二万からトラックのレンタル台を差し引いたぶんを四人で山分けできる。

　筆者は愛知県足助町の鍛冶屋で購入したトチカン（一個一〇〇〇円程度）で、実際にスギ丸太を引きずり下ろしたことがあるが、秋伐採で葉枯らしで水分が抜けたものなら、このノルマは決して不可能ではないと思う。

　さて、林内には間伐した劣性木が五〇〇本倒れたままだ。道があるのだから、すべて土に還す必要もあるまい。軽トラに箱積みできる長さに切りそろえ、出材してホームセンター等に卸せばいい。足場丸太の需要はなくなったが、垂木や杭用として小丸太が売れる場合もある（四万十町の市場では末口六㎝のスギ小丸太が垂木用として取引されている）。小屋づくりなどに自家消費してもいい。伐採残滓を含めれば、囲炉裏やカマドの薪には当分困らない。

次回の間伐では？

　次回の間伐を一〇年後としてみよう。優勢の木が七〇〇本残っている。強度間伐したので、年輪幅は平均四㎜幅で生長すると考えていい（前掲書）。一〇年で直径が八㎜、一〇年で八㎝の生長が見込める。胸高直径は三三㎝になるわけだ。

四ｍ材一玉の末口直径二六㎝とすると、一本あたりの材積は約〇・二七㎥。同じく鋸谷式間伐の密度管理図から五〇〇本まで落とせるので、二〇〇本の材が出材できる。これは優勢の木なのですべて使えると考えると、前回と同じスギ立木価格一㎥一万円としても合計で約五四万円が見込める。

ここで注目したいのは、経済林としての材積がとても増えていることだ。すでに中太の木なので、同じ年輪幅でも材積が稼げるのだ。しかも前回、劣性木を伐っているので太くていい木だけが残っている。だから、二〇〇本の出材でも前回の四〇〇本よりも収入が多いのだ。しかも、伐倒の手間（伐る本数）は四分の一以下で済む。

この間伐では、二玉目も市場へ回せると考えられる。長さ四ｍで末口十六㎝とすると、材積は〇・一㎥で、合計二〇万円が上乗せされる。合計は七四万円である。

さらに、すべてを伐り出しているわけではない。山にはあと五〇〇本残っており、今後も抜き切りや注文材の生産に対応できる。広葉樹も育ってくるので、山にさまざまな楽しみも生まれる。土砂崩壊の危険もない環境的にすばらしい山が甦ってくるのだ。

以上は、間伐補助金、作業道の補助金をまったく度外視した、スギ材での試算である。ヒノキであれば現在の市況からスギ材の二倍～二・五倍になると考えられる。

もし作業道が入らず放置されたら？

逆に、作業道を入れないで、間伐をせず放置したらどうなるか？　間伐遅れの荒廃林で年輪を調べてみると、年輪の増え方は平均一㎜程度で、一〇年で二㎝しか太らない（間伐すれば一〇年で八㎝太る）。一〇年の間には台風や大雪もやってくるから、木がまとまって折れたり、根こそぎ倒れたりする危険は多分にある。一〇年後には、山はボロボロになり、経済林としては誰にも見向きもされない。

田邊さんが道づくりを「急がなければならない」といっている意味がおわかりだろう。いま、作業道を入れ、間伐を急ぐ価値は、非常に高いのである。

なお、一〇年後には木は相当な大木になっている。出材には作業道を拡幅する必要があるが、そのときは切土を広げ、出た土を路盤に転圧するだけで、拡幅は簡単にできると思われる。広葉樹の侵入で盛土のり面はさらに強化され、地山と一体化し、地帯力も増していると考えられるのだ。

林道としての手続きは？

林野庁整備課の『作業路作設の手引き』によれば、林内路網を「林道」「作業道」「作業路」の三つに分けている。

・**林道**……一般車が通行可能。設計速度二〇～四〇㎞／h、全幅員四～五m。通常、地方自治体で整備され、公共施設として維持管理される。

・**作業道**……一般車両の通行は想定されず困難。設計速度、とくになし。全幅員三m程度。通常、森林所有者や事業者によって整備され、維持管理される。

・**作業路**……通常、作業機械のみ通行。設計速度、とくになし。全幅員二～三m程度。通常、森林所有者や事業者によって整備され、維持管理される。

このうち、四万十式が対象としているのは「作業道」「作業路」なので、届け出や申請などは必要ないが、保安林を通る場合には「作業許可」が必要である。また、他の森林所有者の土地をどうしても通過しなければならない場合は、協議が必要なのはいうまでもない。

また、管理は自身が行なうのであるから、幹線からの入り口にはチェーンとカギなどを設置すべきであろう。

各自治体の助成金も活用

作業道にも自治体で各種助成金を出しているところがある。距離単価で一律だったり、かかった金額の半分程度を県が負担する、という補助を出しているところもある。助成を受けるためには、四万十式の規格では外れてしまう場合もあるが、積極的に問い合わせてみるといいだろう。

公的にも四万十式を採用するところが出てきているので、今後は協力体制が強まるであろう。

ちなみに田邊さんの四万十町では、現在一m当たり一一〇〇円程度の補助を行なっている。

第4章　新しい山の道のつくり方《作業手順篇》

実際の計画の立て方から、各工法の作業手順までを詳しく図説する

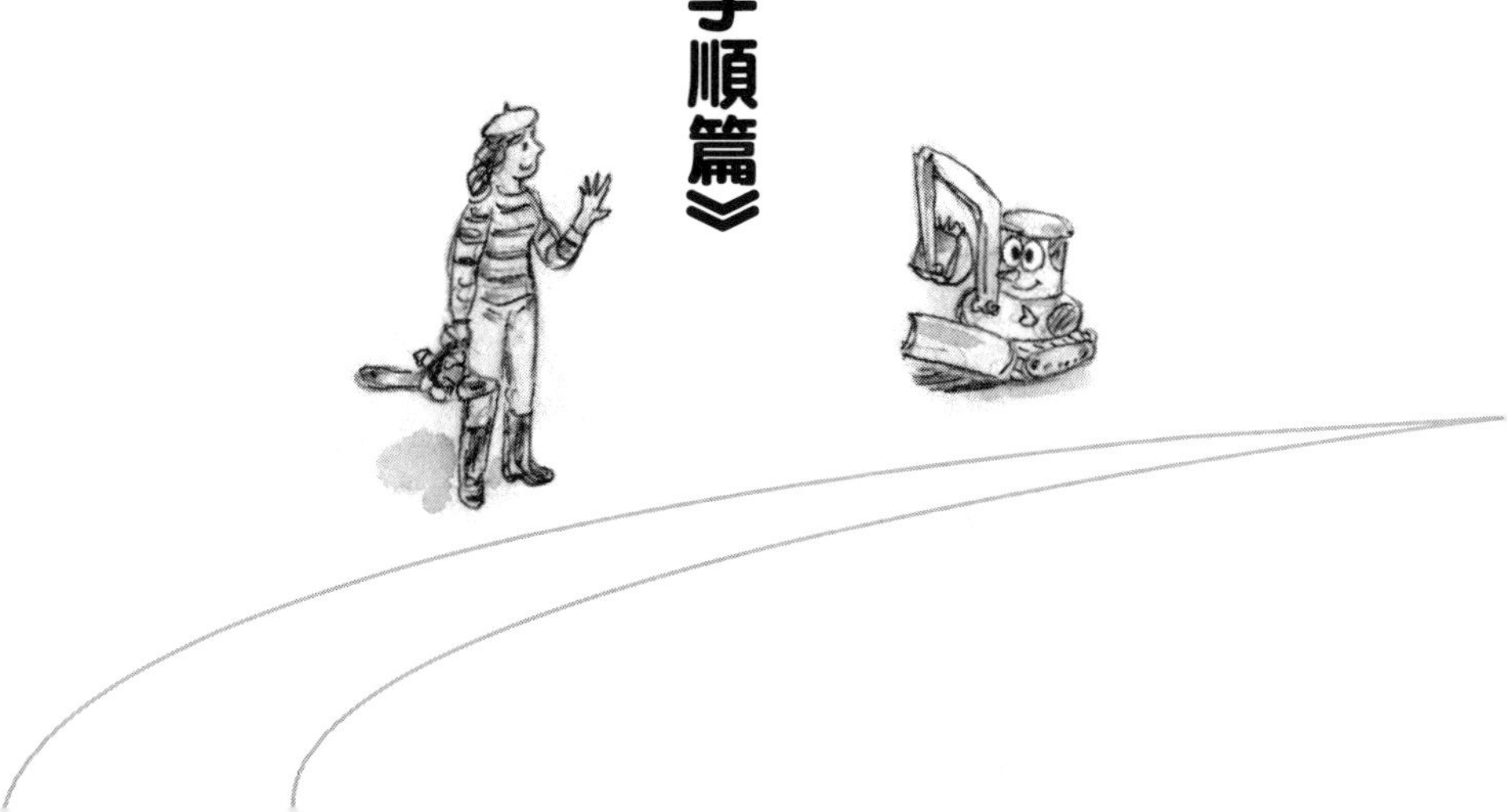

1　計画と準備

地形図から

まず森林基本図で林相をみる。次いで地形図（森林計画図五〇〇〇分の一）の図上でおおまかな路線計画をたててみる。

地図から尾根を探して登はん路を描き、そこから等高線と平行に集材路を延ばすという振り分けで、路線を考えてみよう。幹線との接続部を先に決めてしまわないで、全体のバランスをみながらもっとも効率良い（作設しやすさと実際の使いやすさ）レイアウトを探していく。

３章66ページで概説したように路網の間隔は樹高や集材機械の種類によって決まるが、およそ五〇m程度と考えた場合、地図に五〇～六〇mのメッシュを描き、その中に一本の線が入るように考えるとわかりやすい。

インターネットの『Google マップ』（http://maps.google.co.jp/maps）から航空写真を見ることができる。地形図と合わせて見ると参考になる。

地形図は航空写真から等高線を図面化しているので、実際の地形と誤差が出る。とくに沢は現地に行くと地図の等高線より急な場合が多い。また、小さなガレ場、湧水、岩などは地図に表現されていない。

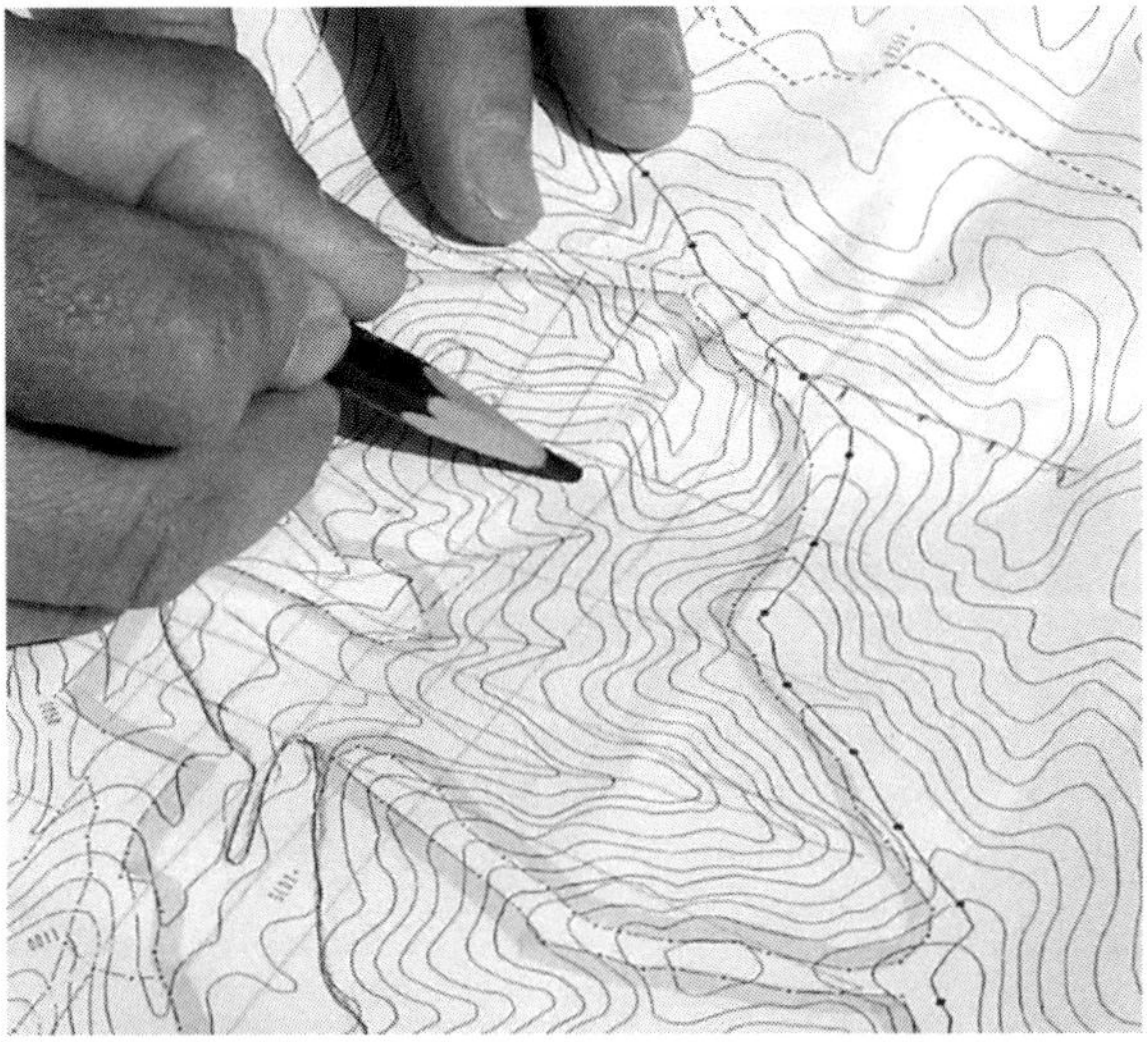

三角スケールと色鉛筆を使って地図にメッシュを入れ、この方眼の中に道が１本通ればいい、という感覚で法線を描く

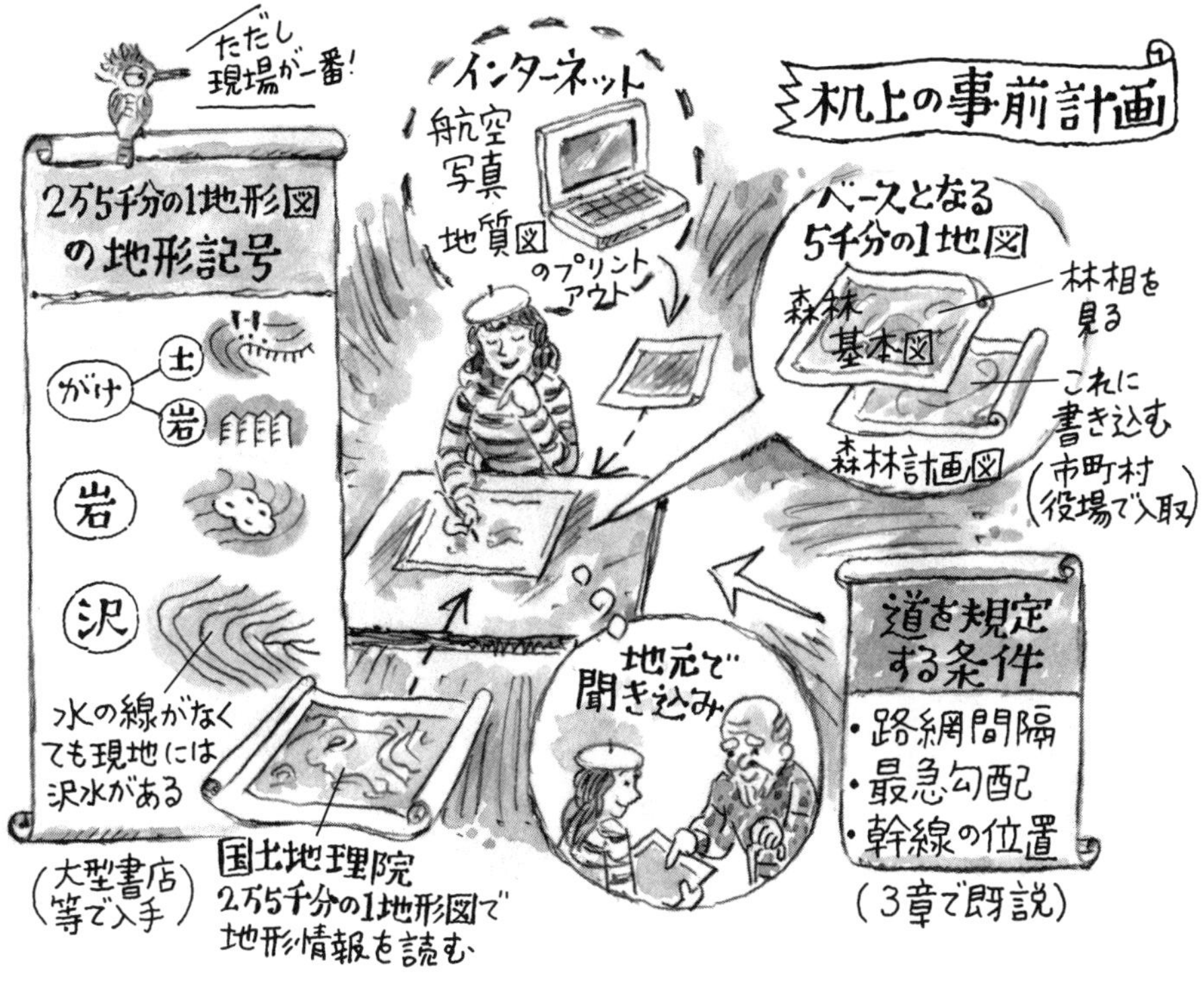
ただし
現場が一番!
インターネット
航空
写真
地質図
のプリント
アウト
机上の事前計画
ベースとなる
5千分の1地図
森林
基本図
林相を
見る
これに
書き込む
森林計画図
(市町村
役場で入手)
2万5千分の1地形図
の地形記号
がけ
土
岩
岩
沢
水の線がなく
ても現地には
沢水がある
(大型書店
等で入手)
国土地理院
2万5千分の1地形図で
地形情報を読む
地元で
聞き込み
道を規定
する条件
・路網間隔
・最急勾配
・幹線の位置
(3章で解説)

それでも、国土地理院の二万五〇〇〇〇分の一地図を詳細に見ると等高線から沢筋が読めるし、岩場、ガレ地は記号が入った場所がある。

その土地の基岩や大きな断層などは、産業技術総合研究所地質総合センターのホームページから二〇万分の一のオンライン地質図を閲覧できるが、(http://www.gsj.jp/geomap/)。スケールが大き過ぎ、現場ではほとんど役立たない。

地質などは土地の古老が詳しいので、断層や水脈がありそうなら、地元で聞き込んでみるとよい。また、昨今の激しい気象状況で周囲の山に災害がでたときは、水の出方や沢の崩壊状況、そのときの土質などを見ておくと参考になる。既設林道のどこが崩れているか、それはなぜか? 観察し、その原因を考えてみるとよい。

現地踏査の着眼点——センターラインに目印を付けていく

おおよそのルートが地図上に引けたら、二人一組で現地に入る。グラップル集材の路線幅は四〇〜五〇 mだが、いちいち巻き尺などは用いず、いちど距離をテープで測って感覚を身に付け、目測でテープを木に巻いていく。最初に敷地全体をささっと流して回り、おおよそのコースの通過点（センターライン）に、目印を付けていくのである。

以下、コース選定の講習会の中から拾った田邊語録を織り交ぜながら、要点を列挙してみると――

・全体のイメージをつくる。最初から起点（幹線とのつなぎ目）を決めてしまうと、最後にそこがルートにできないことがあるが、とにかく仮決めする。

・何回も歩くほうがいい。それで修正していく。必ず目視できるポイントにテープを巻く。

・歩くうちに、尾根と沢、上と下で、どうしてもここを通過しなければ道が成り立たない、というポイントが出てくる。どこで沢を渡るか、平坦な作業ポイント、幹線や林道とのつなぎ、地形の変化点、多く木が収穫できるポイント、水を逃がすポイント。そこをまず先に決めて、その間に最良のコースをとる。先に目印がないと、道はなかなか決まらない。変更するときはテープを移動する。

・現場では二人一組でコースを見るのがいい。先が見えない尾根の向こうを見てもらったりする。「その先はどうよ?」「ＯＫ、行けるよ」という感じ。一人だと、「もういいや」と妥協が早くなりよくない。

・昔の道は利用する。古い炭窯の跡があれば、炭を運んだ旧道があるはず。ケモノ道も参考になる。

・効率よく木が収穫できるコースが一番だが、いかにオペレーターがつくりやすい線形をいれてやるかも大事。

・山を上がりながら、アバウトに決める。そして下りながら検証する。下から道を入れると細かいカーブになりがち。上から見直すと大きなカーブになる。たとえばカーブが四つ必要な作業路が、三つのカーブになり、作設コストを減らせる。

・上から見ると急峻でも、下から見るとそうでもない場合が多い。必ずいったん下へ降りて、ルートを見直してみる。下から見ると、分岐のポイントもよく見える。目線を低くして見ると、傾斜がよくわかる。

現地は二人一組で
OK!
その先どうよ!
実際に現場を歩くと、地図で決めたルートの半分は変更になることが多い
雑木の頭を伐るのも目印になる
センターラインの木にテープの目印

・知識より感覚が大事。知識がじゃまをする。
・コブ、棚を目印にする。カーブは尾根でつくる。平たい山腹斜面では土の移動が難しく（盛土の土が出ない）カーブがつくりにくい。
・尾根のてっぺんは損。集材作業も材がヤジロベエのような天秤になって危険。尾根の少し下（一〇ｍくらい）なら道の上下の木がとれて合理的。おにぎりに鉢巻きをまくようなイメージ。尾根の両方に顔を出す。
・天気によっては通れない道ができるので、循環路がいい。一路線からどんどん環をつなぐ。尾根と沢をどうつなげるか。
・道はゆるいにこしたことはないが、どうしても通らねばならないところは三〇度の傾斜になる場合も。
・道は一〇のうち八でいいと考える。二は捨ててもいい。一〇つくろうと思ったら山はズタズタになる。
・棚があったらその角に道をつくる。平らなところにつくったら水路になる。変化点は道が一番つくりやすいし、木材を集積するのにも効率がよい。

　さて、以上の中でもっとも重要な言葉はどれか？と問われれば、「知識より感覚が大事。知識がじゃまをする」を上げたい。そしてこの感覚は、実地に

棚とコブを利用する

変化点は地質も硬いぞ

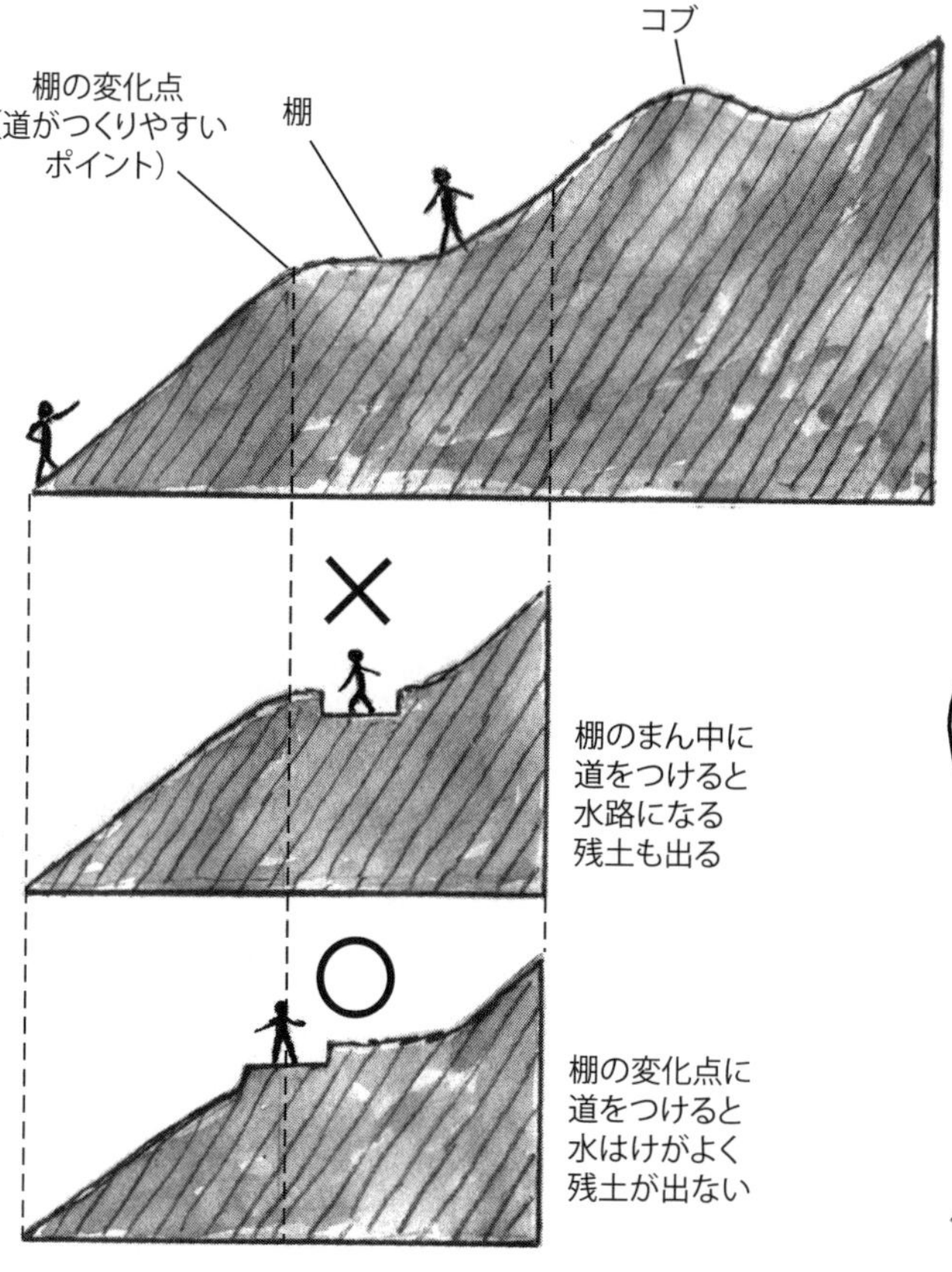
棚の変化点
（道がつくりやすいポイント）
棚
コブ
×
棚のまん中に道をつけると水路になる残土も出る
○
棚の変化点に道をつけると水はけがよく残土が出ない

棚とコブはルートをつけるときよい目印になる

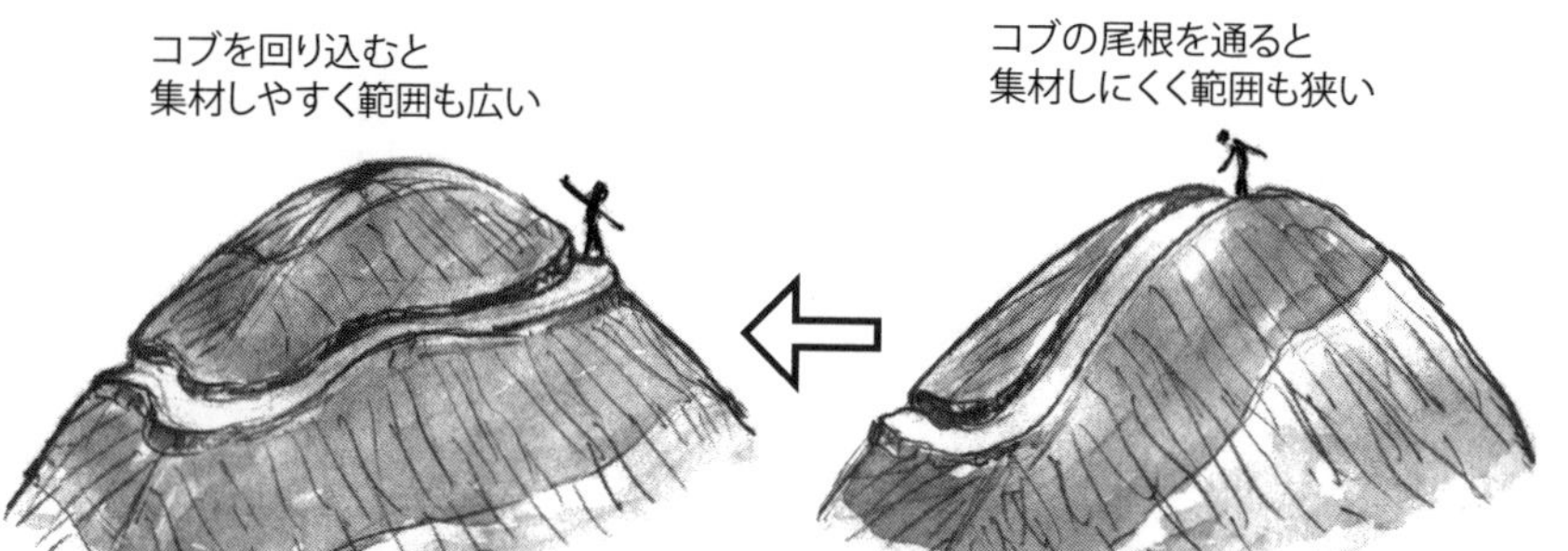
コブを回り込むと集材しやすく範囲も広い
コブの尾根を通ると集材しにくく範囲も狭い

山に入ってくり返しルート付けをし、施工と使い勝手や維持管理を経験することで、より研ぎすまされてくるものであろう。

コースが確定したら、施工者に伝わるように、道の中心線が明瞭になるようにテープをしっかり巻き直しておく。路線上の広葉樹の頭をナタで飛ばしておいてもいい目印になる（いずれこの木はのり面に移動して、植樹する）。

路線のレイアウトと分岐点

第3章で述べた通り、田邊さんは当初、登はん路は尾根に、そこから等高線に沿って水平に作業道を延ばすという方法をとっていたが、現在は「タマゴ型循環路線」に進化している。

どこで分岐点を考えるかは、集材効率、地形の制約、排水のしやすさ、などさまざまな条件の中で決めなければならないが、尾根と谷が明瞭な地形なら、尾根と谷とで別々の二本を考えておき、その二本を新たな路線でつないでいく、という考え方もわかりやすい。これだと、必然的にタマゴ型の循環路がいくつも重なるカタチができる。

具体的には、尾根コースを先に追っていき、尾根カーブの突出点が決まったら、そこから谷のルートを探しに行き、谷の「洗い越し」通過点を決める。そことカーブの突出点とを結ぶ。そして、「洗い越し」から先のルートをまた探す、という手順になることが多い。

機械的に「登りは尾根のＳ字、集材路は山腹に平行」と考えるより、「タマゴ型循環路線」は自由度が高く、ルート付けのレイアウトに頭を悩ます。前者だとその面積すべての集材を網羅する路線をつくれるが、タマゴ型だと、集材漏れの部分ができる可能性はある。しかし、次の間伐のときは木が大きくなっているので、集材率は上がる。つまり、「登りは尾根のＳ字、集材路は山腹に平行」というい き方は、道をつくりすぎてしまうことになる。山の環境のためにも、道はできるだけ少ないほうがいい。田邊語録にあった「路網は一〇のうち八でいい」とはそういうことだ。

Ｕターン場所、退避所、作業場所

コース上に広場がとれる平地があれば、Ｕターン場所、作業場所を広げるようにする。なるべく一方通行の道はつくらない。万一の崩壊や怪我に対処するためにも迂回路で繋げたり、Ｕターンの場所をつくっておく。

　トラック道との接合場所に待避所を設け、積み替えが安全に行なえる広さを確保する。

　平地があれば土場（ストックヤード）をつくる。路線長三〇〇ｍに一カ所ほど土場・作業場所をつくる。木材を置いたり機械の入れ替えに便利だ。一〇年後に六ｍ材が出せるような広さを考える。

カーブを利用したＵターン場所の例。防火用水などを置くにも便利▶

スイッチバック

　スイッチバック方式で集材できるフォワーダ（林内作業車）を導入するつもりなら、急斜面では積極的にスイッチバックを取り入れることで、作設費が軽減できる。

　尾根のない広い中腹の斜面で急斜面の場合、Ｓ字カーブをつくることは困難だが、スイッチバックなら克服できる。その場合には、最初の路線計画も変わってくる（120〜121ページ参照）。

2 表土ブロック積み工法の手順——伐採からバックホー作業まで

前伐りの要点

　開設する作業道のコースが決まったら、「前伐り」と「バックホーオペレーター」の二人組が現場に入る。

　手順は前伐り氏が支障木を伐開した後を、バックホーが掘削しながら道をつくっていく、という工程で作業は進行する。

　伐開は道幅ぎりぎりまで木を残す。伐り過ぎてはならない。ただし、傾斜のきつい場所はやや広めに伐開幅をとる。ゆるい斜面はぎりぎりでいい。

　すべてのコースの木を先に伐ってしまわない。バックホーの進み具合を見ながら徐々に伐っていくのがいい。掘ってみたら動かない大石が出たり、湧水が出たりして、ルート変更を余儀なくされる場合もあるからだ。

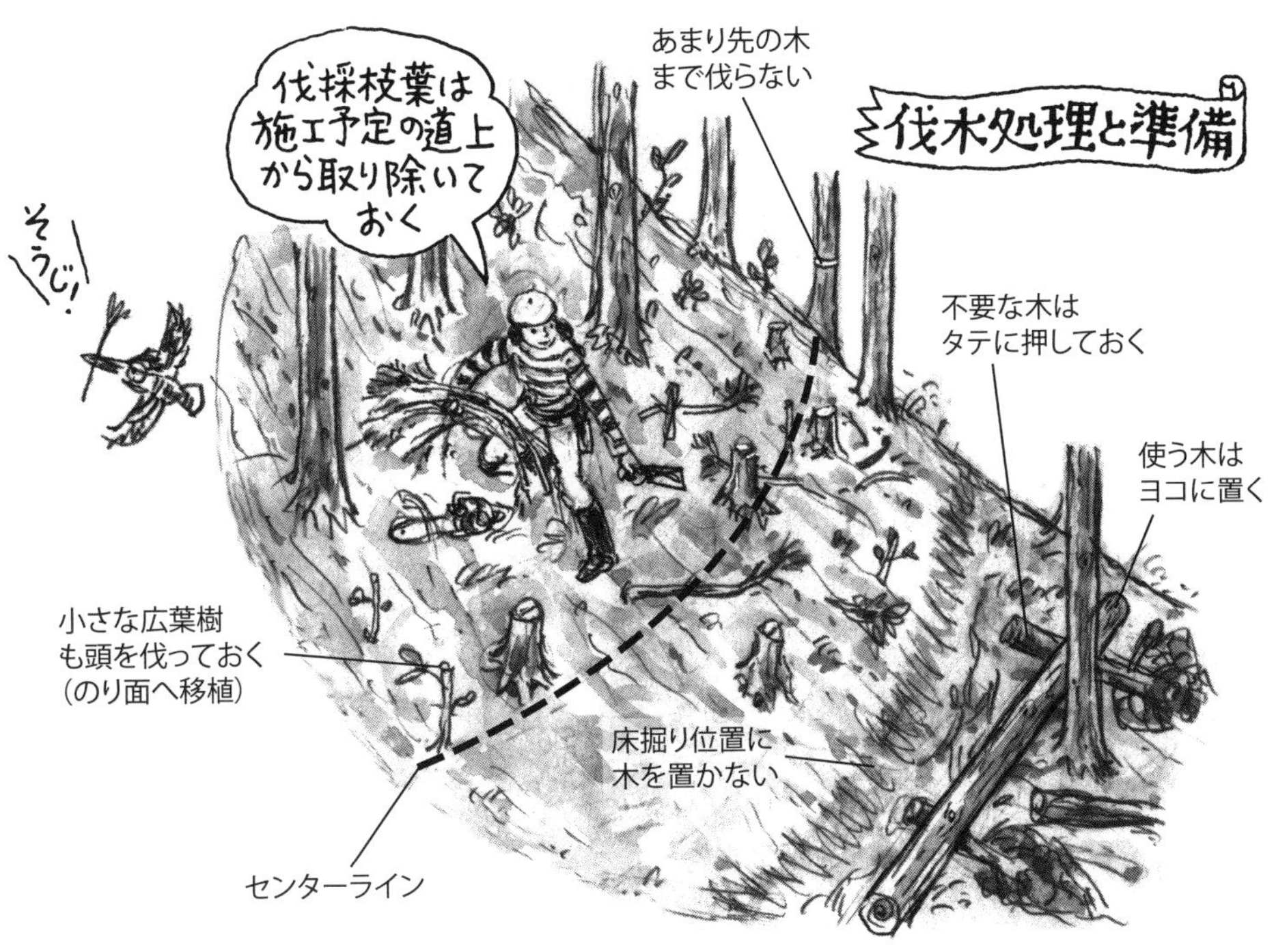
伐木処理と準備
伐採枝葉は施工予定の道上から取り除いておく
そうじ!
あまり先の木まで伐らない
不要な木はタテに押しておく
使う木はヨコに置く
小さな広葉樹も頭を伐っておく（のり面へ移植）
床掘り位置に木を置かない
センターライン

コースがテープで確定しているとはいえ、様子を見ながら微妙に修正するだけで、土量は変わる。道の土の移動がこれで決まってくる。先行伐倒する人の腕の見せどころであり、難しさでもある。その意味からも路線を決めた人と前伐り氏は同一人物であることが望ましい。

根株は引き抜いてあとで埋め込むので、地上三〇～四〇cm高さに伐っておく。伐倒木のうち市場等で販売できない木はじゃまなので、道の上には倒さないようにする。市場で販売できる木（作業路開設資金に充当）は倒した後、搬出しやすいように道の両側に仮置く。枝払いした残滓は、前伐り氏が場外へ出しておくと、後のバックホーの仕事が速い。

倒したい支障木の方向が重心と逆向きのときは、バックホーのアームで押してもらう。

丸太の移動をワイヤーで玉掛けしたり、丸太アンカー工法でアンカーをとるとき（後述）迅速に動いて手伝うのも、前伐り氏の重要な役割である。

バックホーの動き〈盛土の基礎〉

バックホーの作業はまず盛り土側の床掘りから開始する。

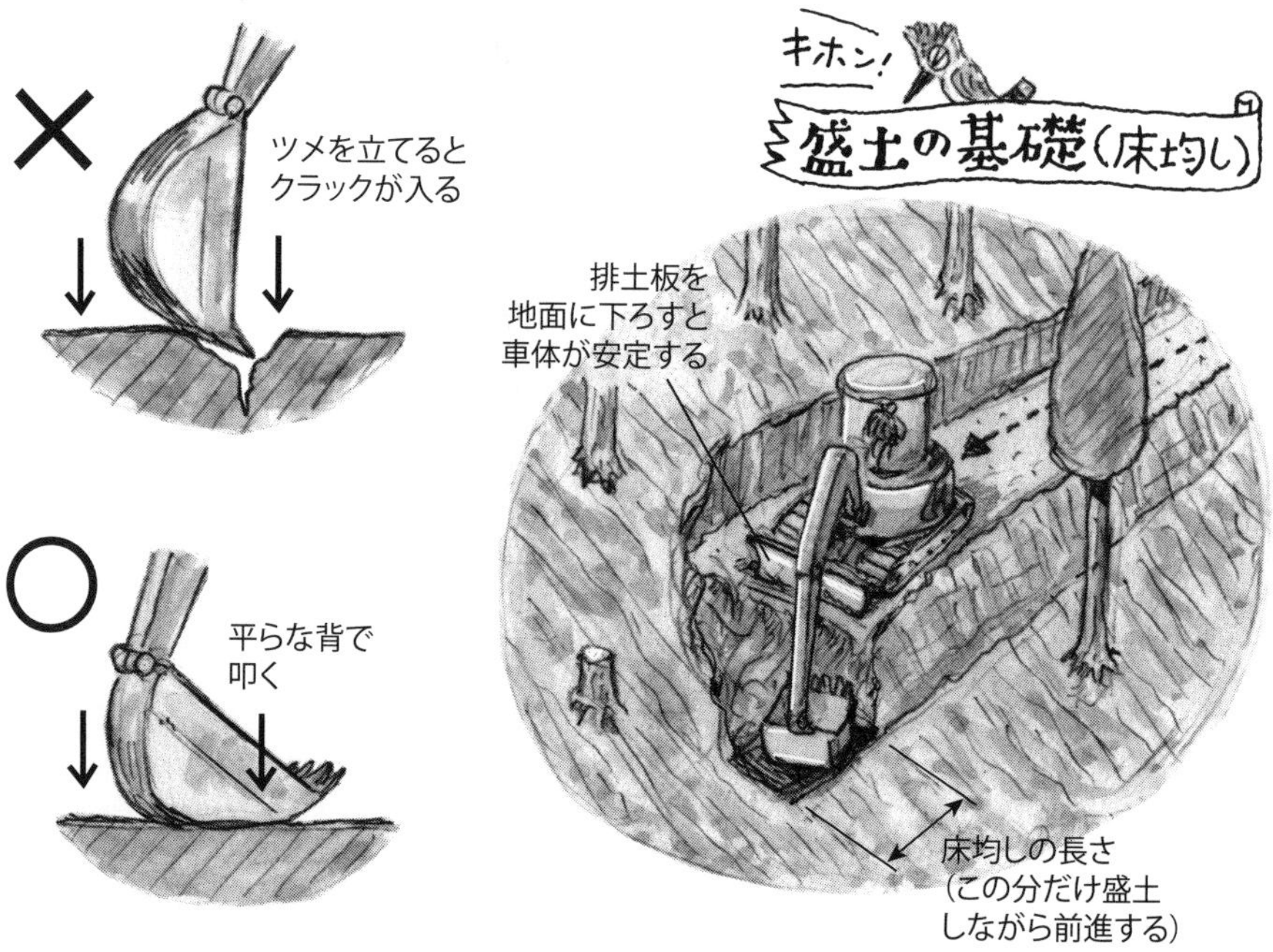
キホン！
盛土の基礎（床均し）
ツメを立てると
クラックが入る
平らな背で
叩く
排土板を
地面に下ろすと
車体が安定する
床均しの長さ
（この分だけ盛土
しながら前進する）

ここで、やや複雑な手間を要する盛土「表土ブロック積み」を解説する前に、一般的な「盛土の基本」を押さえておこう。

①重要な基礎、床掘りと床均し

第一に重要なのは、土を積む一番下部を、バックホーのバケットで床掘りし、そこをバケットの平らな部分を使って十分に転圧しておくことだ（床均し）。ここに土を積み上げる。土木構造物のもっとも重要な「基礎」がこれに当たる。どんなに立派な土木構造物でも、基礎が揺らいではいずれ崩壊する。大事な点である。

床均しにバケットのツメを立ててクラック（亀裂）をつくったりしてはならない。かならず平面であること。前から見ても水平であることが大事だ（バックホーが水平に座っていれば、おのずと基礎面は水平になる）。

次に、ここに土を重ね、バケットで順次、転圧しながら積んでいく。三〇cmくらい盛土を積んだら、バケットの背でドンドンと叩いて転圧する。

②伐採残滓を除外して心土を積む

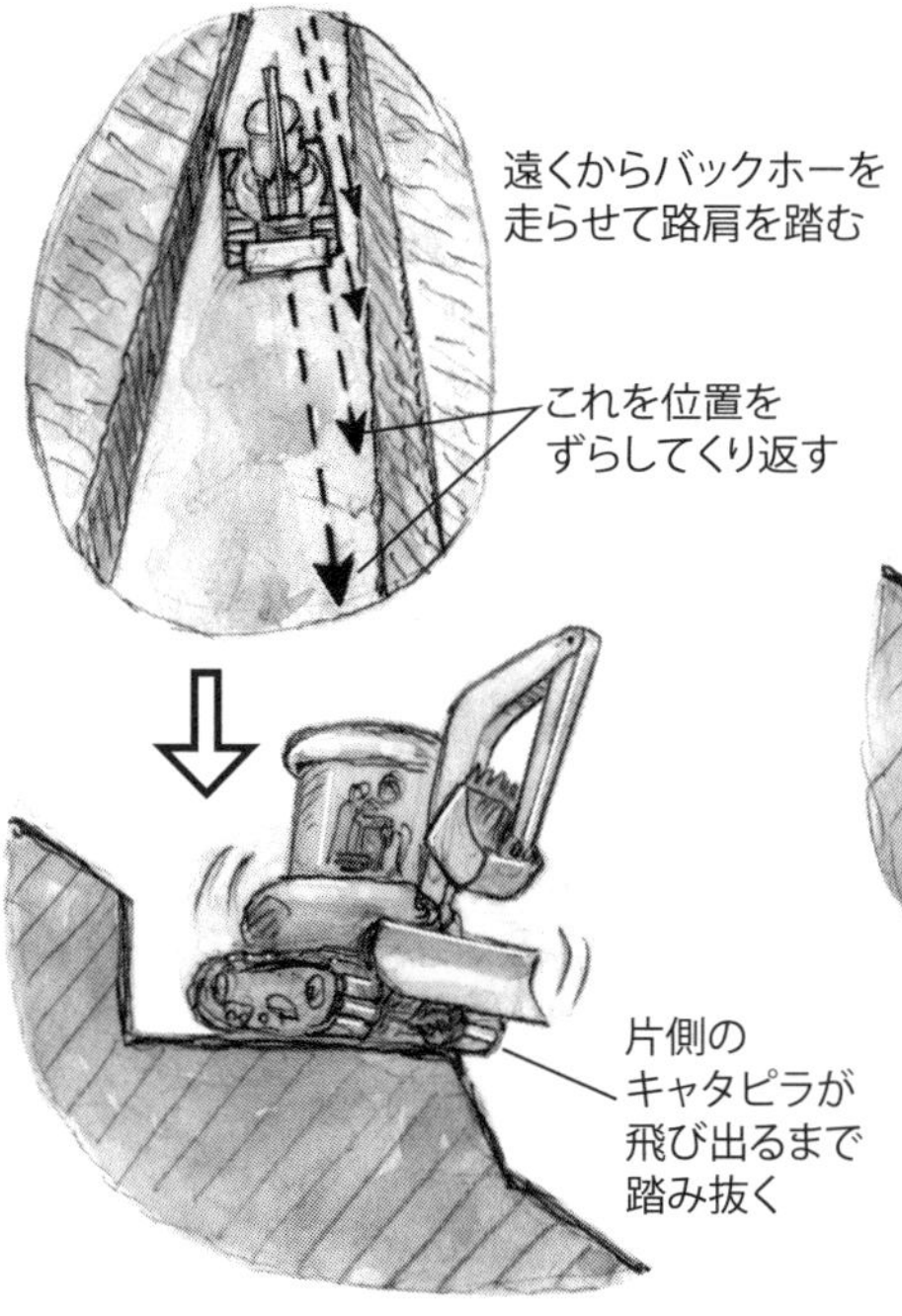
遠くからバックホーを
走らせて路肩を踏む
これを位置を
ずらしてくり返す
片側の
キャタピラが
飛び出るまで
踏み抜く

盛土の転圧（斜め踏み）
何層にも土を
積むたびに転圧
を十分にかける
切土だけで路面ができる場所だが、掘削することでバックホーが水平に保てる

床掘りの位置は、斜面がゆるやかなら路面中央に近く、浅くなり、斜面が急なら路面中央から遠く、深くなる。また締まりやすい、崩れにくい土ならのり面勾配を立てることができるが、サラサラと崩れるような土なら勾配をゆるくする必要がある。また前者なら床掘りの位置は路面中央に近く浅くなり、後者なら遠く深くなる（61ページの図参照）。

盛土に積む土は、伐採枝葉などを除外するが、大小の石が出れば、うまく土にはさみ入れると盛土の支持力が増す。地山と盛土の接触部分は、表土を取り去り心土だけで積むと土が接着しやすくなる。

そして本来は切土だけで済む山側（切土側）の路面も、少し掘り起こして転圧し直すことが大事だ（上図右）。こうすることで前後に動くバックホーを常に水平に保つことができる。バックホーが水平ならば、バケットで掘削する盛土と地山の接点は小さな段ができる。これも盛り土の滑り崩壊を防ぐ役割を果たす。

③重機を前後させキャタピラで踏んで転圧する

予定の路盤高まで積み上がったらバックホーを往

復させキャタピラで踏みながら路面全体を転圧する。道に対して斜めにバックホーを前後進させ、盛土の端からキャタピラが飛び出すくらいまで十分に踏み込んでいく。轍《わだち》中央が踏み残る場合は、最後にバケットの背で押しながら転圧をかける。これくらい転圧は徹底する。

長年のあいだ圧縮され表土に守られた地山と、ほぐされてあらわになった土とは、性質が違う。不十分な転圧のまま工事を持ち越し、その間に雨を受けてしまうと泥土化することがあるので注意しなければならない。

軽トラがあればそれでジクザグに前後往復するだけでも転圧できる。キャタピラに比べてタイヤは接地面が小さいので案外転圧が効くのだ。

こうして、切土で削った土を、盛土側に転用して収めていくのが、盛土の基本である。バックホーのアームが縦に伸びる範囲、長さで二〜三mずつ前進し、つくりながら進むのである。

バックホーの動き〈切土と表土ブロック積み〉

さて、表土ブロック積みは、この盛土の一番外側（のり面の層）に表土（心土の上の土層。地表一〇〜三〇㎝程度）をはさみ込んでいくのである。

最初の床均しは、斜めの斜面をバケットで掘り起こし、その起きた土を転圧するから、転圧された床掘りの層は、表土と心土が混ざったものになっている。

次に、すぐ隣の表土をはぎ取り、床掘り面の上に載せていく。はぎ取った表土の下には心土が見えている。次にその心土を掘って、先ほど積んだ表土の上に重ねる。ここで一回、バケットの背で転圧をかけておく。

この一連の動作を繰り返しながら、表土と心土を積み重ねていくのである。この際に注意しなければならないのは、表土は必ず一番外側に置くということである。転圧をかけると多少は斜面にこぼれてしまうが、それでもいい。表土に含まれている種子や養分が、緑化材として盛土のり面の表に出ることが大事だ。

扇《おうぎ》運動で土が移動

この動作を繰り返していくと、盛土が積まれていくにしたがって、表土と心土のはぎ取り位置が、道の切土側へと移動していく。切土側から盛土側へ、

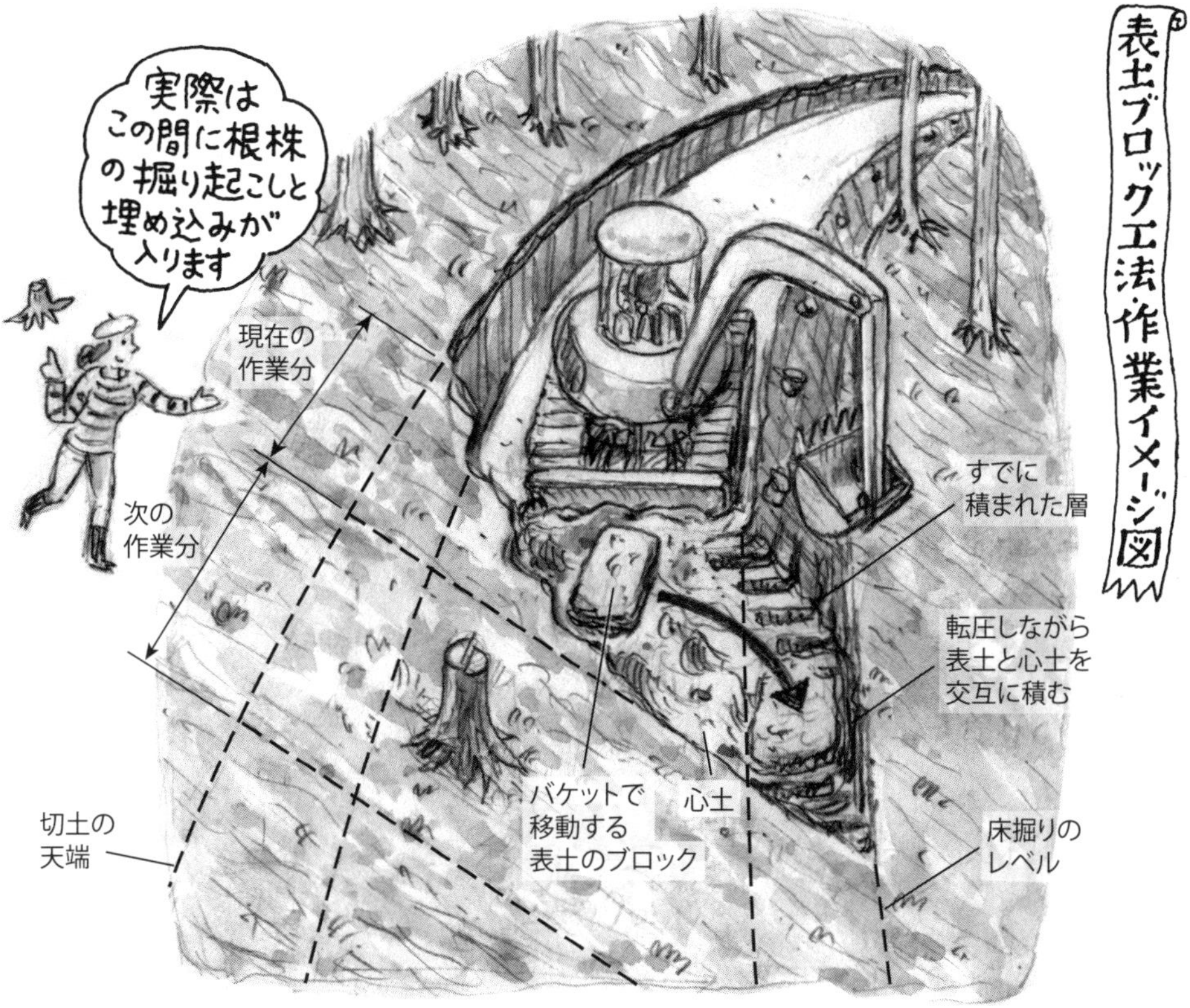
表土ブロック工法・作業イメージ図
実際は
この間に根株
の掘り起こしと
埋め込みが
入ります
現在の
作業分
次の
作業分
すでに
積まれた層
転圧しながら
表土と心土を
交互に積む
バケットで
移動する
表土のブロック
心土
切土の
天端
床掘りの
レベル

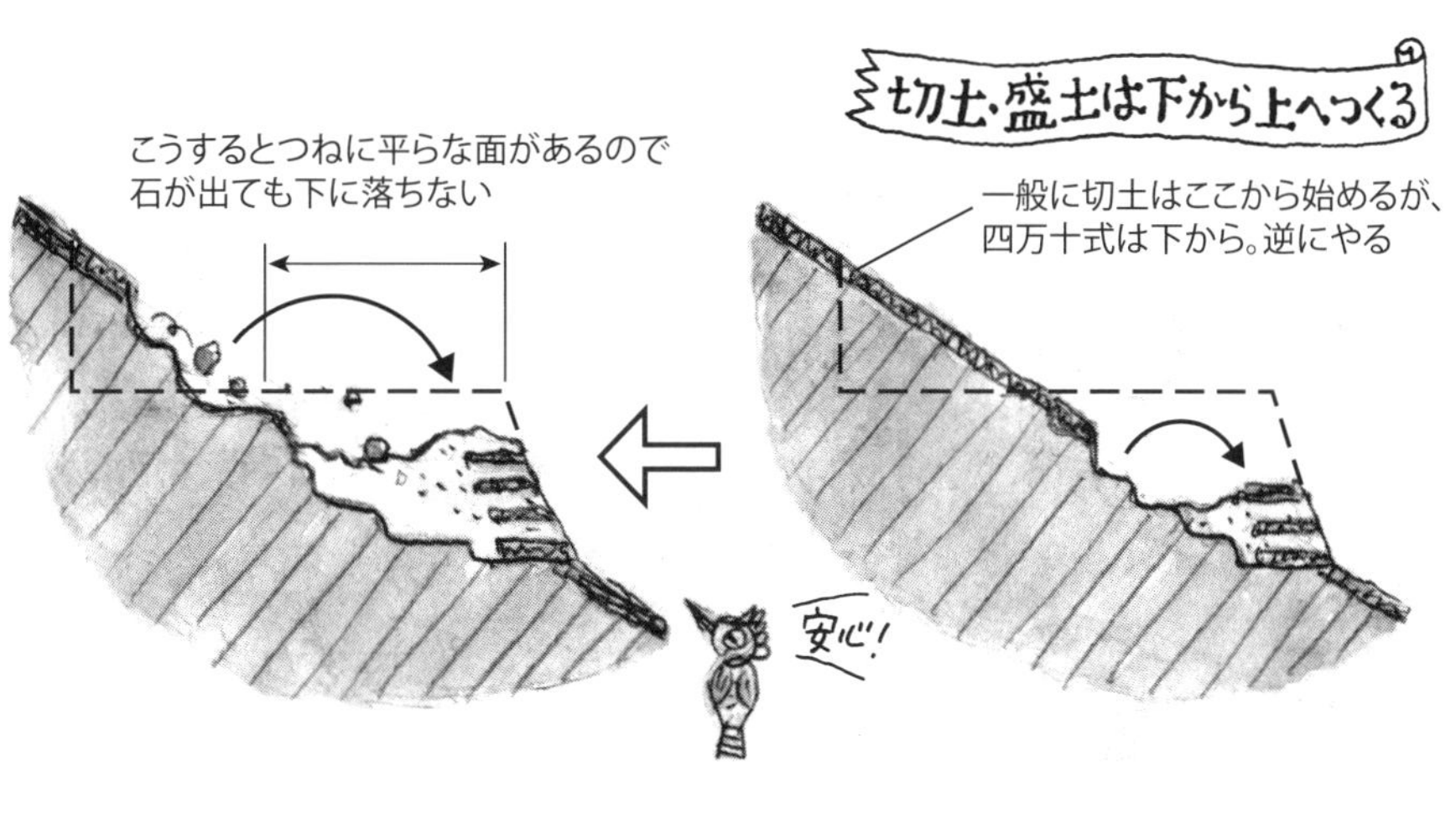
切土・盛土は下から上へつくる
こうするとつねに平らな面があるので
石が出ても下に落ちない
一般に切土はここから始めるが、
四万十式は下から。逆にやる
安心！

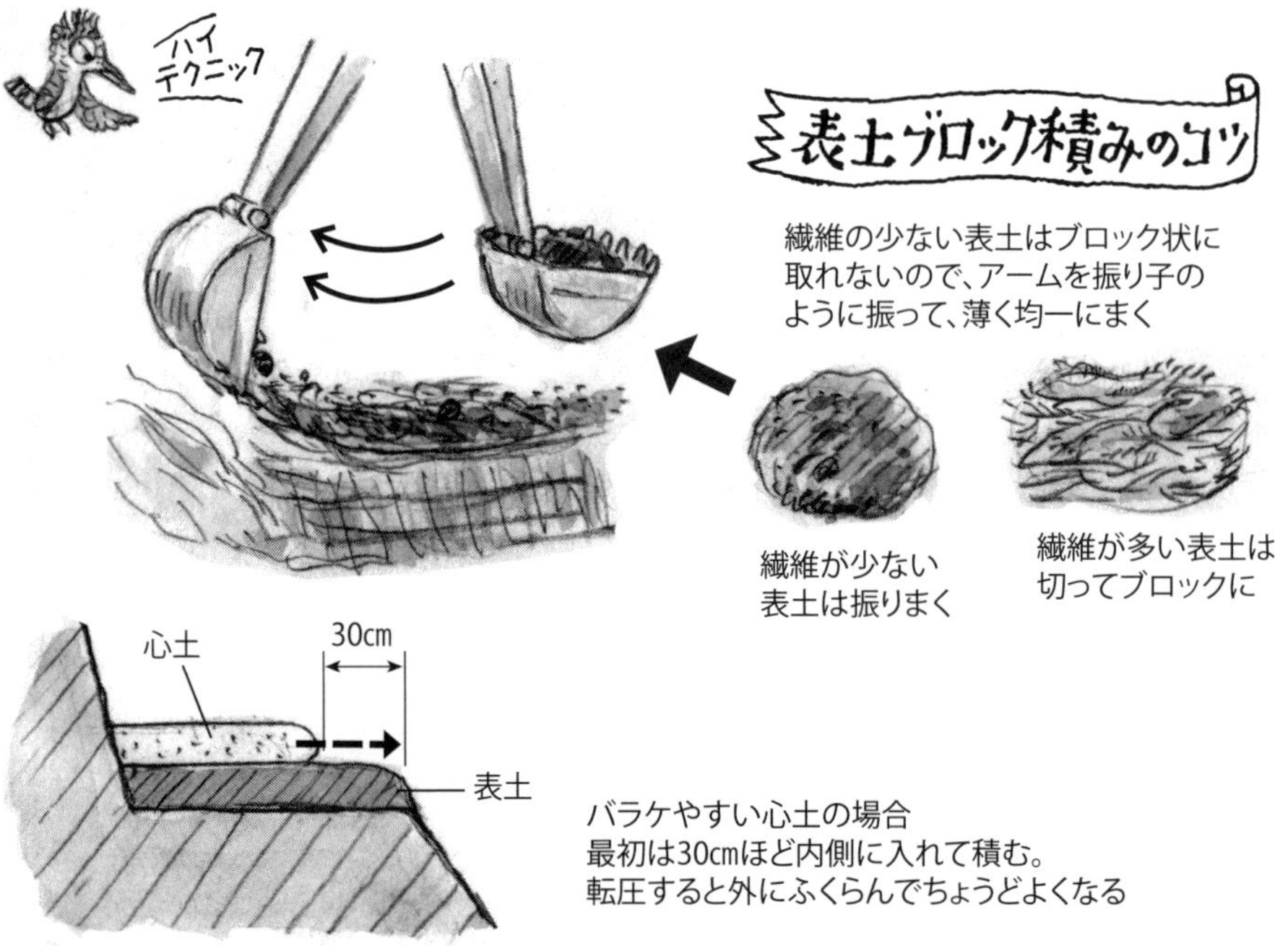
ハイテクニック
表土ブロック積みのコツ
繊維の少ない表土はブロック状に取れないので、アームを振り子のように振って、薄く均一にまく
繊維が少ない表土は振りまく
繊維が多い表土は切ってブロックに
心土
30㎝
表土
バラケやすい心土の場合
最初は30㎝ほど内側に入れて積む。
転圧すると外にふくらんでちょうどよくなる

バックホーの運転席とアームが扇運動を繰り返しながら、土が移動していくのだ。

四万十式では表土や心土は、なるべく下から、手前から、連続させて削り取って使っていく、ということになる。こうすると、つねに平らな面ができ、そこに土も移動するので、石などが谷に落ちる心配がない、という利点もある。

盛土用に出る表土と心土の割合は、一般に心土のほうが多い。場所によっては表土が厚かったりして余ってしまうときがあるが、そのときは捨てないで、山側に一時積んで保管しておき、どこか表土の足りないところで使い切るようにする。

表土が厚いからといって、盛土の側面を表土だけで積んでしまうと土が締まらない。必ず心土と交互に積むことである。その他、積み方の工夫を上図に示しておいた。

盛土から路面工へ

バックホーのオペレーターは、道のセンターラインと、その完成時の道の路面の高さ（レベル）をつねに頭にイメージし、どこに切土の最後の位置がくるか、どこで掘削を止めるか、見極める必要がある。

最後に…
間伐作業者のための道
根切りする
切土が垂直なので
ところどころこのような
歩道をつくっておくと
山に入りやすい

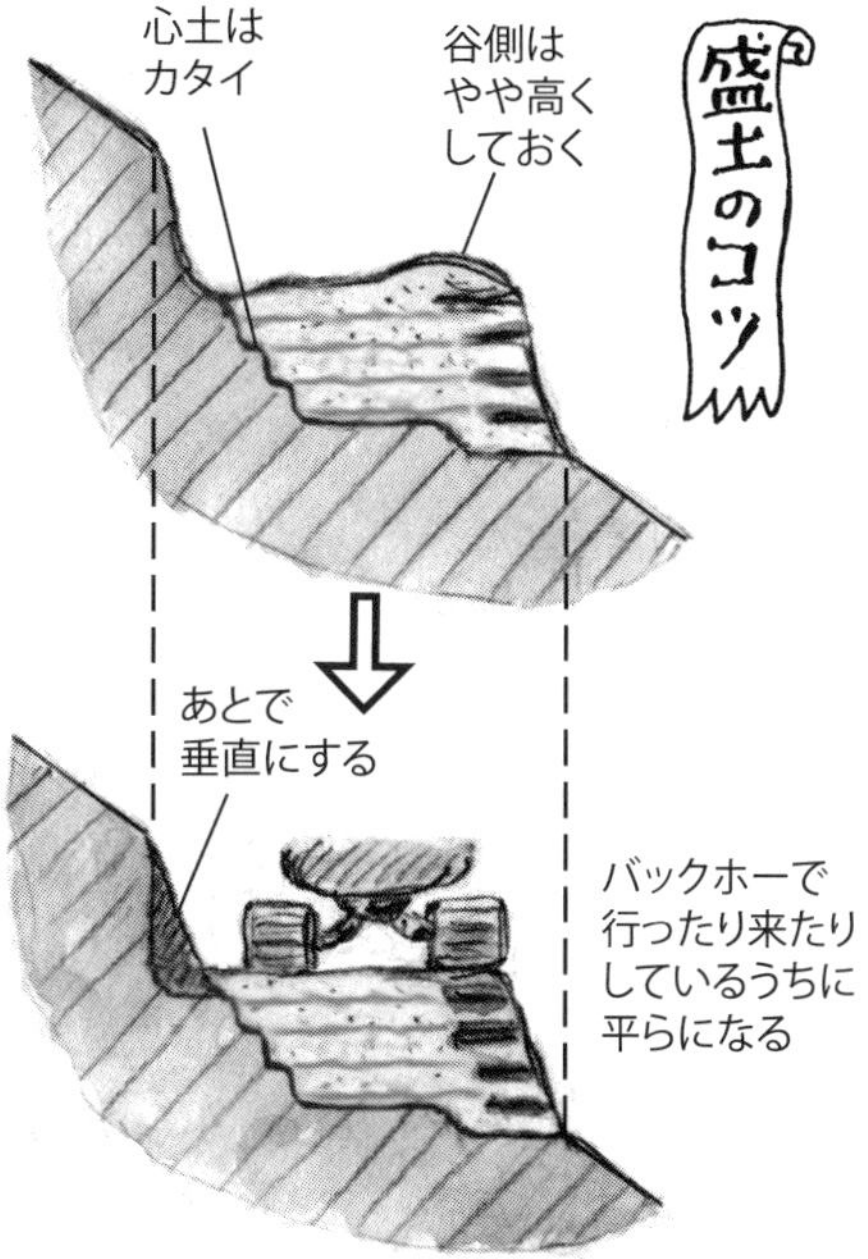
盛土のコツ
心土は
カタイ
谷側は
やや高く
しておく
あとで
垂直にする
バックホーで
行ったり来たり
しているうちに
平らになる

道幅を見極めたら、切土面を縦に掘り進めながら、平らな路面を完成させていくわけだが、このとき最初から垂直に切らずに、若干角度を残して路面をつくる。

最後の路面の転圧は前項〈盛土の基礎〉に同じである。こうして、バックホーのアームの縦に伸びる範囲、長さで、二～三mずつ前進し、つくりながら進む。

これが五～六ピッチ、全体で一五mも進んだところで、最後に切土を垂直に仕上げる。ここで初めて道が予定の道幅になるわけだが、この手順を踏むことで、路肩側の転圧も十分に効くようになる。なぜなら、仕上げ前の粗道は狭く、谷側のキャタピラは路肩ぎりぎりに載る格好になる。このことによって工事中のアームの振動で路肩も自然と踏み固められる。最初から道幅を広げてしまうと、バックホーは道の中心に居ようとし、路肩を踏まなくなる。その結果、路肩の締まりも甘くなるというわけだ。

切土を仕上げると土が出るので、それは排土板で路面の表面に均し、さらに転圧をかけると美しい仕上がりになる。排土板を最初から多用すると道が締まりにくいので注意する。

まだ、一番最後の仕上げが残っている。切土ぎりぎりに残した立ち木の根が、切土側に飛び出しているはずだ。それをナタで切り落とすのも「前伐り」氏の役目だが、そうした作業がしやすいように、飛び出した根の土をふるい落としてやったり、後に入る間伐隊が山側に登りやすい歩道を数カ所はつくってやりたい。

根株の掘り起こしと埋め込み

支障木の根株は三mに一本は出てくるので、一つのインターバルの中で表土ブロック積みに平行して、必ずこの根株の掘り起こしと埋め込みの作業がある。

根株を抜くのは、コツをつかまないと容易ではない。まず株の根際を二カ所掘り、そこから深くバケットを差し込んで、直根に傷をつける。次に、根株の上部を、アームの先端でひっかけ（バケットの先でないことに注意、ここがいちばん力が出る）根が傾くまで手前に引きながら動かす。ここでいくらか動いたら、あとは根株の山側の根際を掘ると自重で自然にひっくり返る。

ひっくり返ったら、バケットのツメで直根を削り取り、土をふるい落としてから、もう一度元の形に返して、路肩に埋め込む。このとき、一八〇度反転させて埋め戻すと（一般に谷側の根が長いが、埋め戻すときはそれを山側に置く）、土圧に対して安定するし、構造物としても強い。

ただし、根株によって根の張りには個性があり、掘り起こす際に根をズタズタに切って形を崩してしまうこともある。厳密に一八〇度反転を守る必要はないが、伐り株の小口がのり面の外側に出、根の側が盛土に入り込む、という原則を守って、構造的に安定した、座りのよいかたちで盛土に埋め込まれればそれでよい。

この作業は、表土ブロック積みの過程で行なわれるわけだから、根株は転圧された平らな部分に置くことになるが、そこをあらかじめバケットで軽く掘ってから置くと、根株がさらに座りやすく、方向を修正しやすい。

根株にはまだ若干表土がついているので、根株の両側にかける土は心土が適する。その上に表土ブロック積みを繰り返していく。根株の根は路面から完全に隠れたほうがよい。

ただし、盛土のり面に対しては、あまり深く差し込まないほうがよい。第2章で書いたように、根の付け根にはドングリなどのタネが溜まっていること

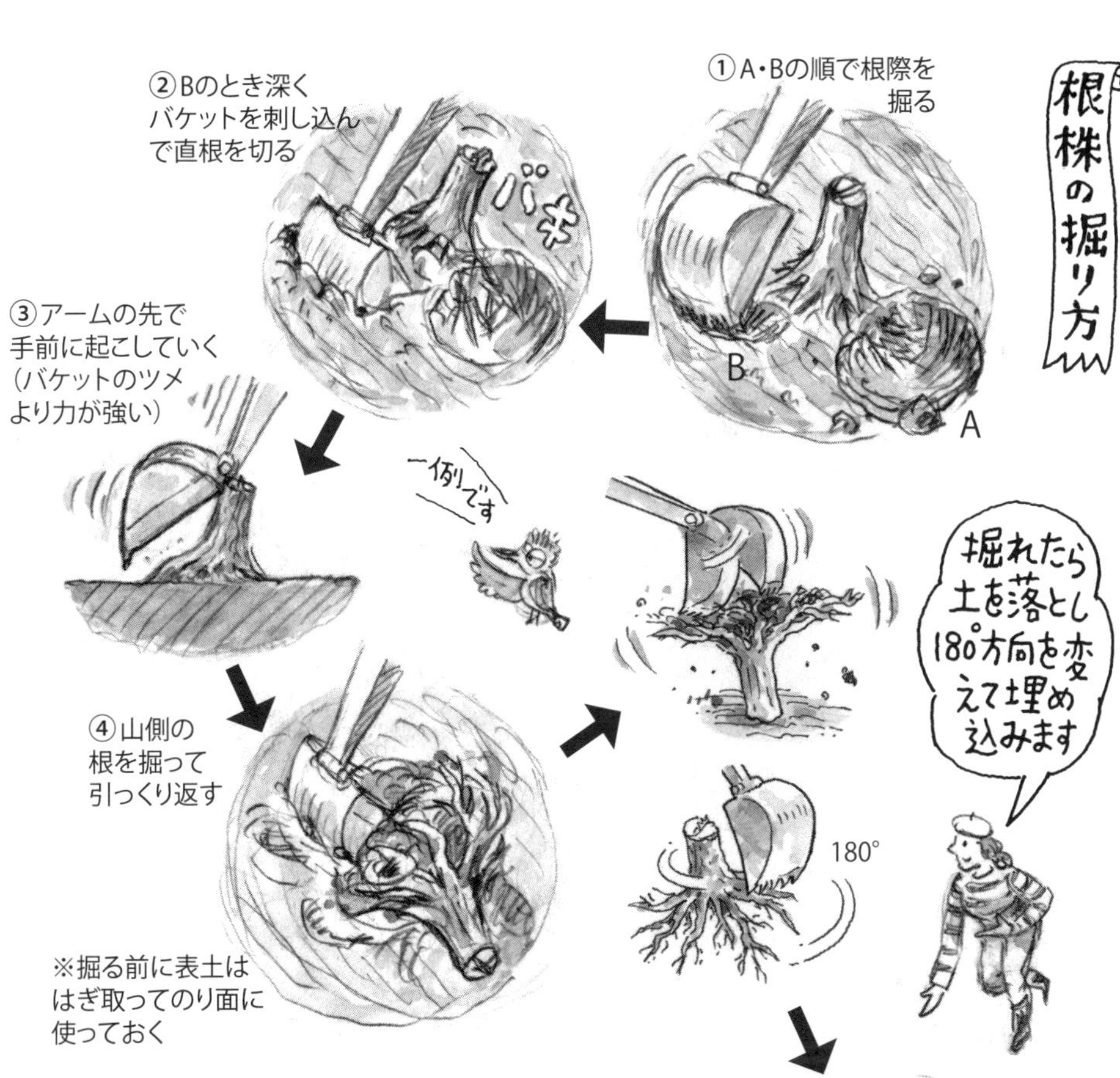
根株の掘り方
①A・Bの順で根際を掘る
B
A
②Bのとき深くバケットを刺し込んで直根を切る
バキ
③アームの先で手前に起こしていく（バケットのツメより力が強い）
一例です
④山側の根を掘って引っくり返す
掘れたら土を落とし180°方向を変えて埋め込みます
180°
※掘る前に表土ははぎ取ってのり面に使っておく

根株にバケットで転圧をかけ、この上に再び表土ブロック積みの作業を続ける

下ごしらえした根株をいよいよ据付け。長い根が山側に来ていることに注意

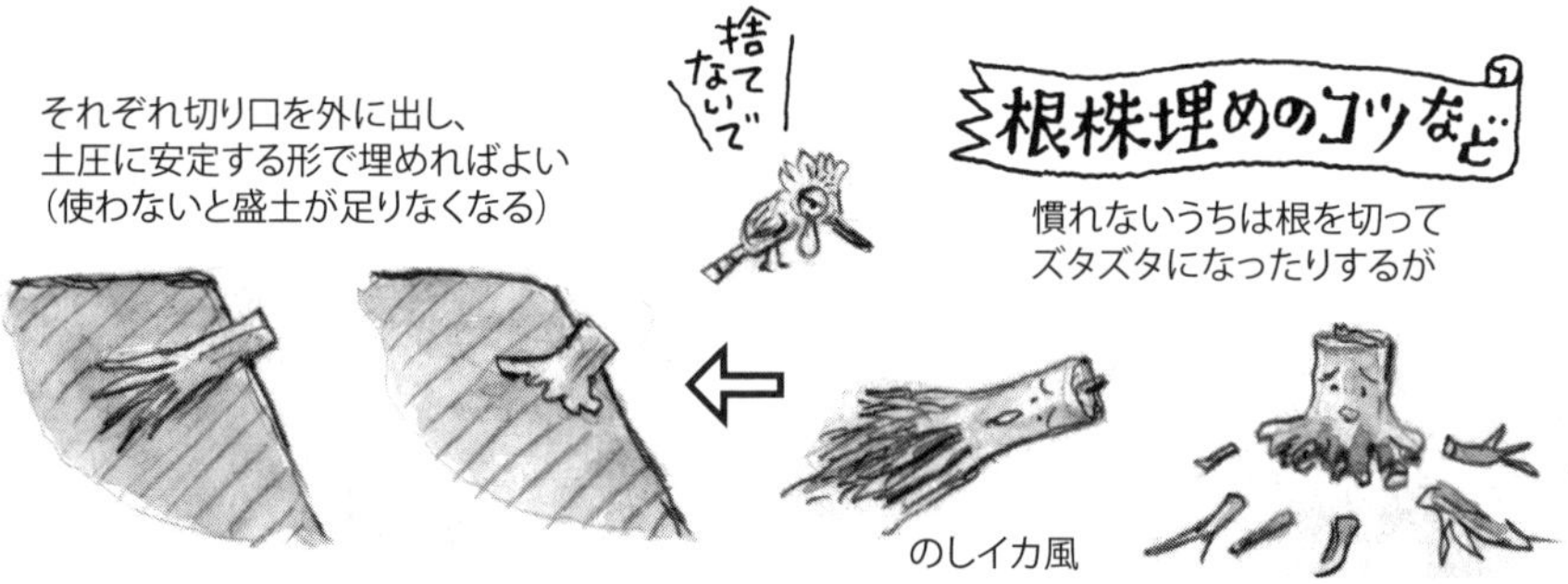
根株埋めのコツなど
慣れないうちは根を切って
ズタズタになったりするが
捨てないで
それぞれ切り口を外に出し、
土圧に安定する形で埋めればよい
(使わないと盛土が足りなくなる)
のしイカ風

根株の頭の
飛び出しは、
路面よりやや下に。
こうすると転圧が
やりやすい

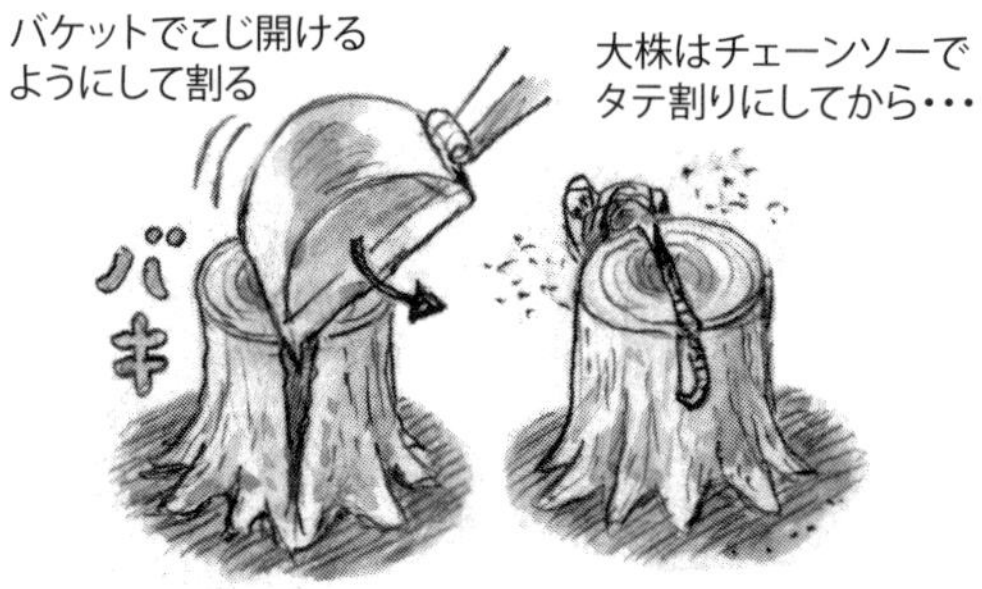
バケットでこじ開ける
ようにして割る
大株はチェーンソーで
タテ割りにしてから・・・
バキ

が多く、あまり深いと発芽しにくい。

なお根株の頭の飛び出しの位置だが、路面のレベルよりやや低いほうがよい。バックホーの斜め踏み転圧(キャタピラが路肩に飛び出すまでかける)が、やりやすいからだ。

大株はチェーンソーを併用して割る

根株の掘り起こしは、ヒノキが比較的簡単、スギがやや難(直根が長いため)、アカマツやモミなどの天然針葉樹は直根が非常に発達しているので、大変である。どうしても動かない場合は、伐り株に直角にチェーンソーの切れ目を入れ、バケットのツメを差し込み、前後にこじ開けるようにして二つに割って、それから掘り起こすことをお勧めする。

なお、盛土のり面の位置にある根株も必ず掘り起こして、右記の工程を経て埋め直すようにする。

広葉樹の株の場合

広葉樹の場合は、伐っても切株から新芽が出て再生し、根が生き続ける。暗い人工林の中では、細く背の高い広葉樹が生えていることが多い。のり肩に

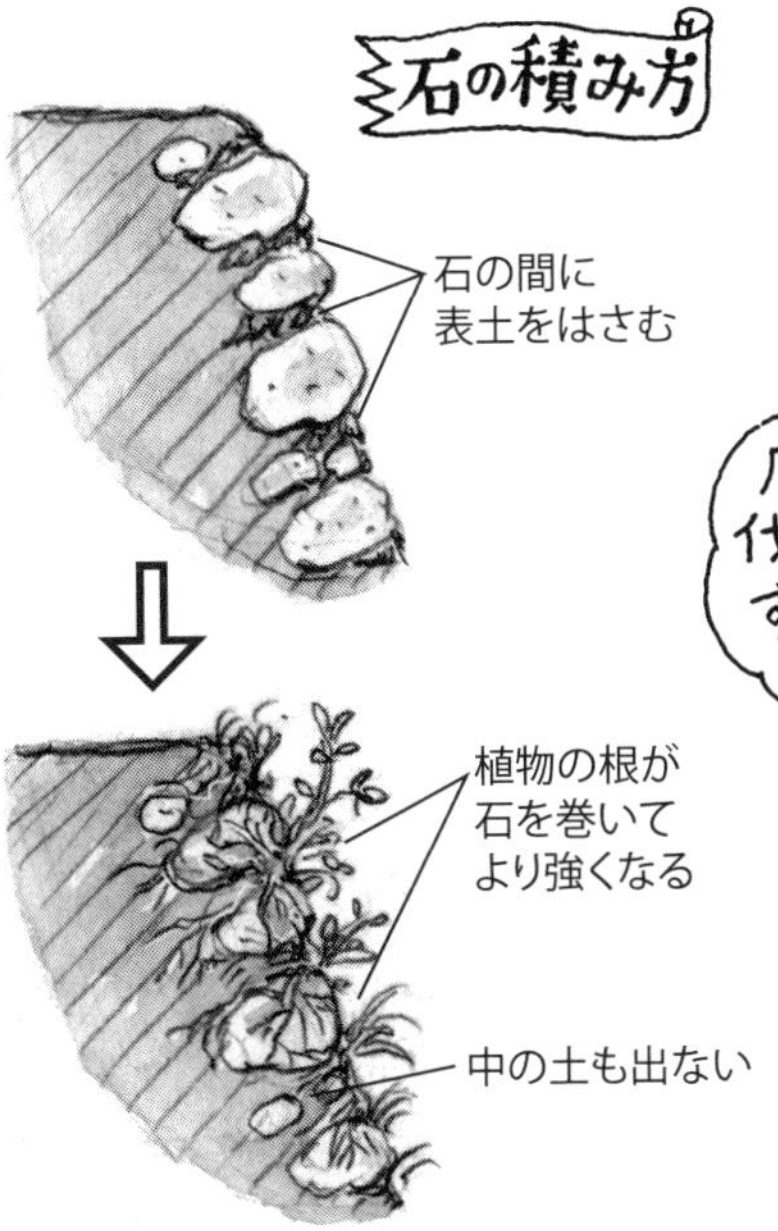

石の積み方
石の間に
表土をはさむ
植物の根が
石を巻いて
より強くなる
中の土も出ない

小さな広葉樹の扱い
のり肩の小木は
風に倒れやすいので・・・
広葉樹は伐っても萌芽するので大丈夫！
ナタで切って
重心を低く
しておく

そのような若木があれば、頭を少し切って重心を低くしてやると、風で倒れにくくなる。

支障木としての広葉樹株は、やはり掘り起こして、同じように埋め込む。萌芽し、根を張り巡らすことで生きた構造物となり、のり面を守ってくれる。生き根は大事にしたいが、座りが悪いようなら裏返して直根だけはバケットで削ってもいい。

小さな株も同様である。ユズリハ、アオキ、カシ類、サンショウ、ネムノキなどの稚樹、幼樹が路線上にあったら、表土ブロック積みの際、うまく土ごと掘り出して、葉と幹がのり面の外側に飛び出すように置き、転圧をかける。

この作業はいわば「植樹」であるから、根を必要以上に傷つけないほうがよい。

広葉樹ではないが、ササも非常にすぐれた緑化材である。またブロック状に剥がれやすく、移植すればすぐ根付く。

石の埋め込み

根株とともに、石が出てきたら、盛土の中に埋め込む。大石は盛土部分に根株・表土と組み合わせて使うと、石垣同様の効果がある。石の形と重心を考

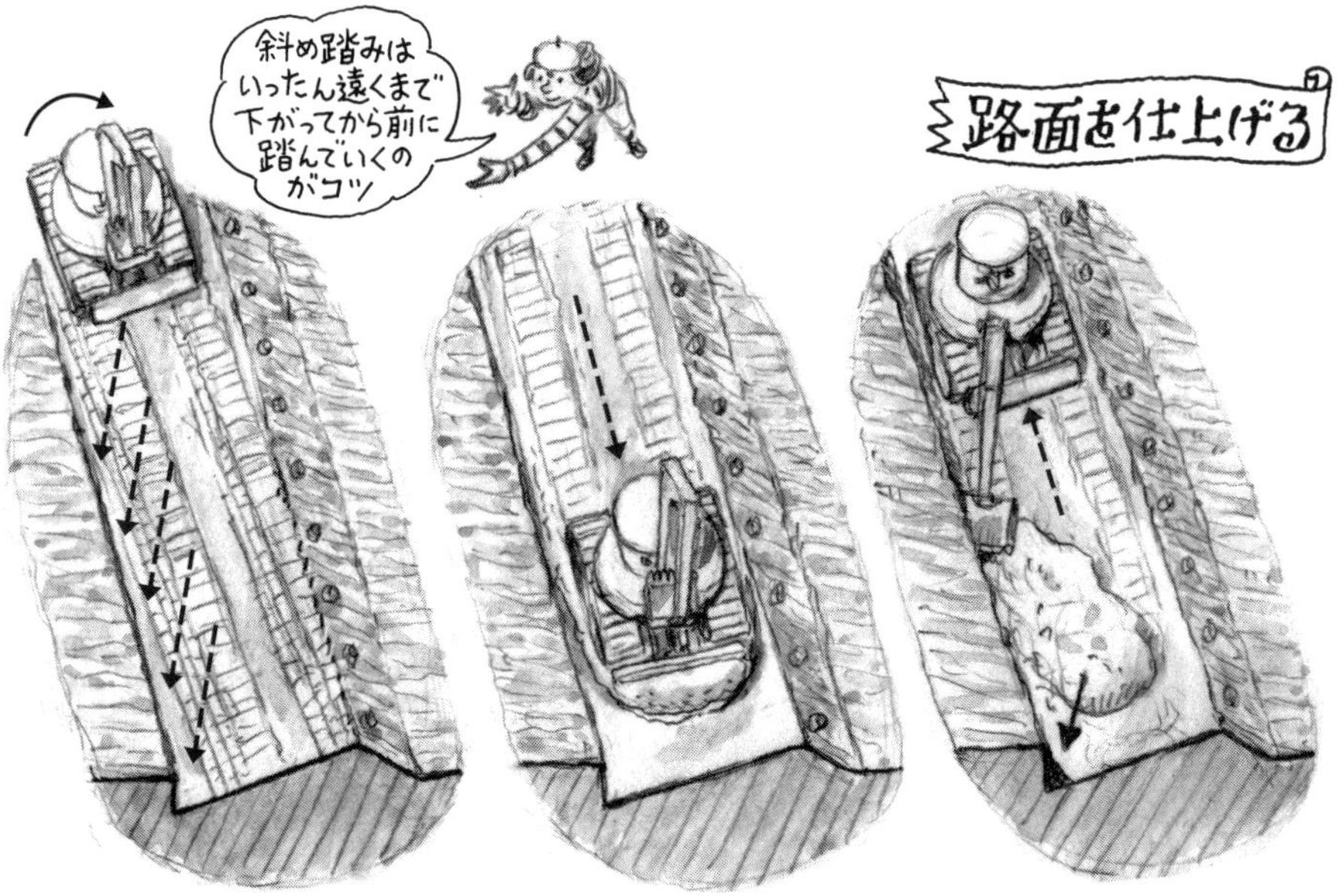

路面を仕上げる
斜め踏みはいったん遠くまで下がってから前に踏んでいくのがコツ

バックホーを後退させながら切土の残りを削って垂直にする

バックホーを前進させながら排土板で土を平らに均す

後退しながら斜め踏みで路肩を転圧し、前進しながら切土側を転圧

えて、谷側に滑らないように置くことはいうまでもないが（2章48ページ）、石と石の間に表土を挟むようにすると、やがて植物の根が石を巻き、より強固になる。また石の間の土が抜けにくい。

路面工の仕上げ

小さな石がたくさん出たら儲け物である。最後の路面転圧にまいて、締め固めすれば強固な路面ができる。尾根ではこのような小石が出やすい。最後に排土板で広範囲に広げるとよい。

また、「洗い越し」の工事でバックホーがぬかるみに取られそうになったとき、一度後退し、キャタピラを踏む位置に石を置くと安定する。

基本的に、路面には表土を置かない。心土や小石で転圧された状態が好ましい。こうすると、路面には種子や養分が少ないので、草が生えることが少なく、しかも風で飛んで来た種子も雨で流されるので、路面の草刈りの手間も少なくて済む。

丘のような地形を通らねばならないとき、浅いとはいえ道の両側が切土になってしまう場合、路面に表土が残ってしまう。こうなるとやがて路面が草で覆われる。これを防ぐには、路面を掘り返し、表土

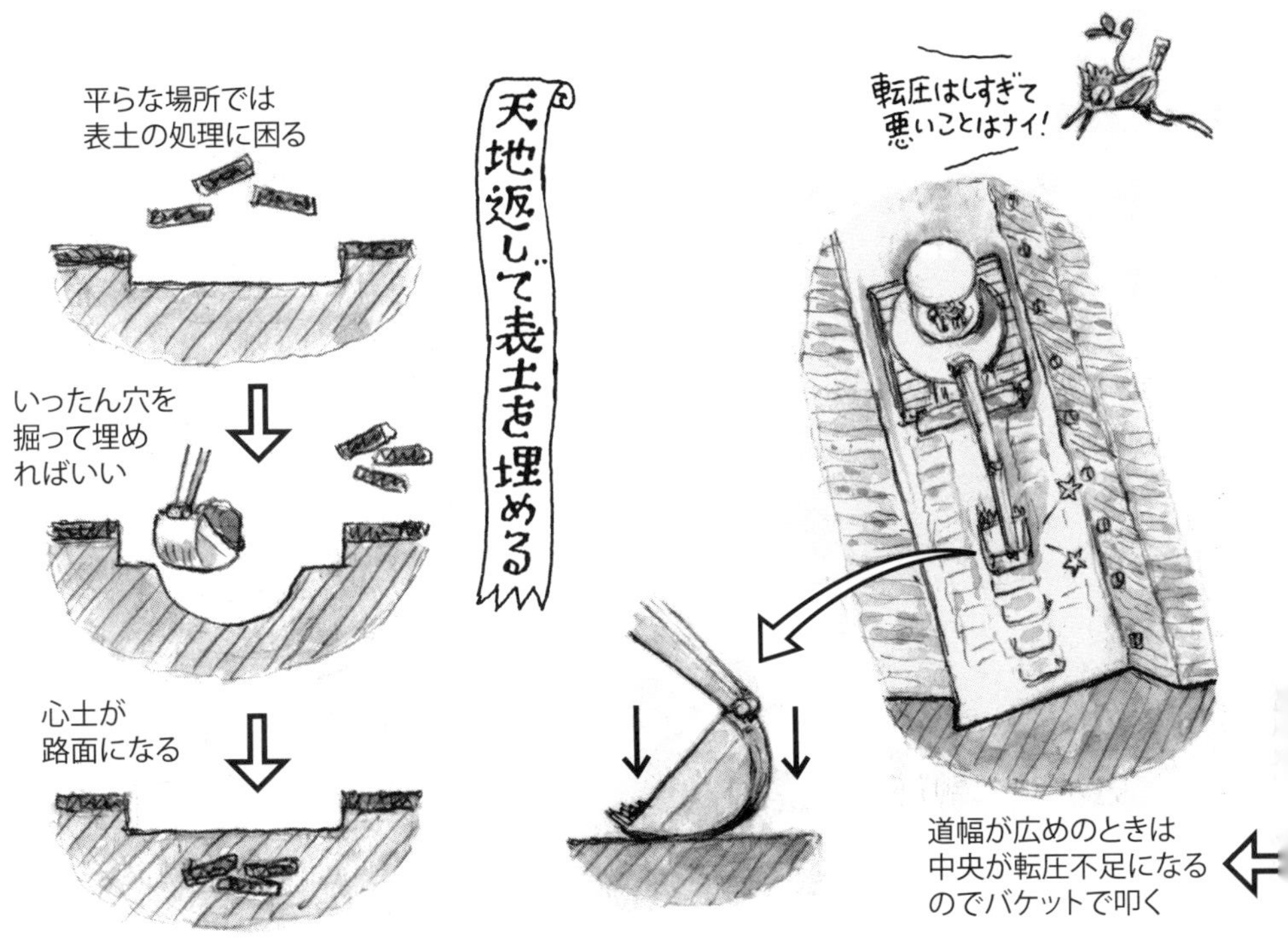
天地返しで表土を埋める
平らな場所では
表土の処理に困る
いったん穴を
掘って埋め
ればいい
心土が
路面になる
転圧はしすぎて
悪いことはナイ!
道幅が広めのときは
中央が転圧不足になる
のでバケットで叩く

を地下に埋め込み、路面に心土を持ってくる。いわゆる天地返しである。

現地素材で山を豊かにする工法

以上、表土ブロック積みと根株埋め込みについて紹介したが、この工法だと工事に残材が出ない。石を落とす危険がない、ということに気づかれたであろう。

「道をつくりながら前に進む」というやり方は、それまでバラバラに存在していた木・根株・表土・地山・大石・小石の各パーツを、林道の適材適所にしまい込む、という方法でもある。

田邊さんはこの工法を「新たに地山をつくる工法」と呼んでいる。

土羽（盛土のり面）を叩いて整形するようなことはしないので、盛土側面の見た目はきれいではない。しかし垂直切り土と盛土の自然緑化のおかげで、数年後に上空からみると、道幅だけ土が露出しているのがようやく見えるくらいで、地上の遠くから眺めると、道がどこを走っているかわからない。それだけ自然親和的でありながら崩れず、管理もラク。土木工法としてもきわめて画期的な工法なのである。

表土ブロック積みとバックホーの進行方向

いまのバックホーは性能がよくなっており、アームやバケットの操作がハンドルやレバーと俊敏につながる。熟練したオペレーターなら、石の移動や据え置き方向、転圧の強弱なども自由自在だ。

ただし、表土ブロック積みは「上りながら」つくるほうがずっとやりやすい。下りでつくると倍以上かかるので、最初に粗道をつけて下まで下りてから、上りながら付けるという方法もとられる。また、バックホーのアームと運転席は左右に分かれているが、運転席が谷側にあるとバケットの操作位置が見やすいが、反対だと見えにくいという弱点もある。

「丸太組み」は必要最小限に

一般の林道づくりで推奨されている丸太組みは手間がかかり、多用すれば作業道のコストが大変高くなってしまう。四万十式では表土ブロック積みと根株の埋め込みでこれと同等の効果が出るので、極力使わない。丸太組みが必要なのは次のような場合だ。

・急斜面の場所、しかも崩れやすい場所を、どうしても突破しなければならず、ベース（基礎のレベル）を上げたいとき
・切土面が崩れやすく、土留めをしたいとき
・「洗い越し」で河床を上げたいが、盛土の石が足りないとき（吐き口につくる）
・災害に遭って崩壊したとき

丸太組みをつくる際も、井桁部分の接合に異形鉄筋や特大の釘などは使わず、ノッチ（切り欠き）とワイヤーアンカーを使って固定し、作業の省力化を図るようにする。

丸太組みは表面に出ている部分はいずれ腐る。また、井桁の間から土が抜けやすい。露出する側には

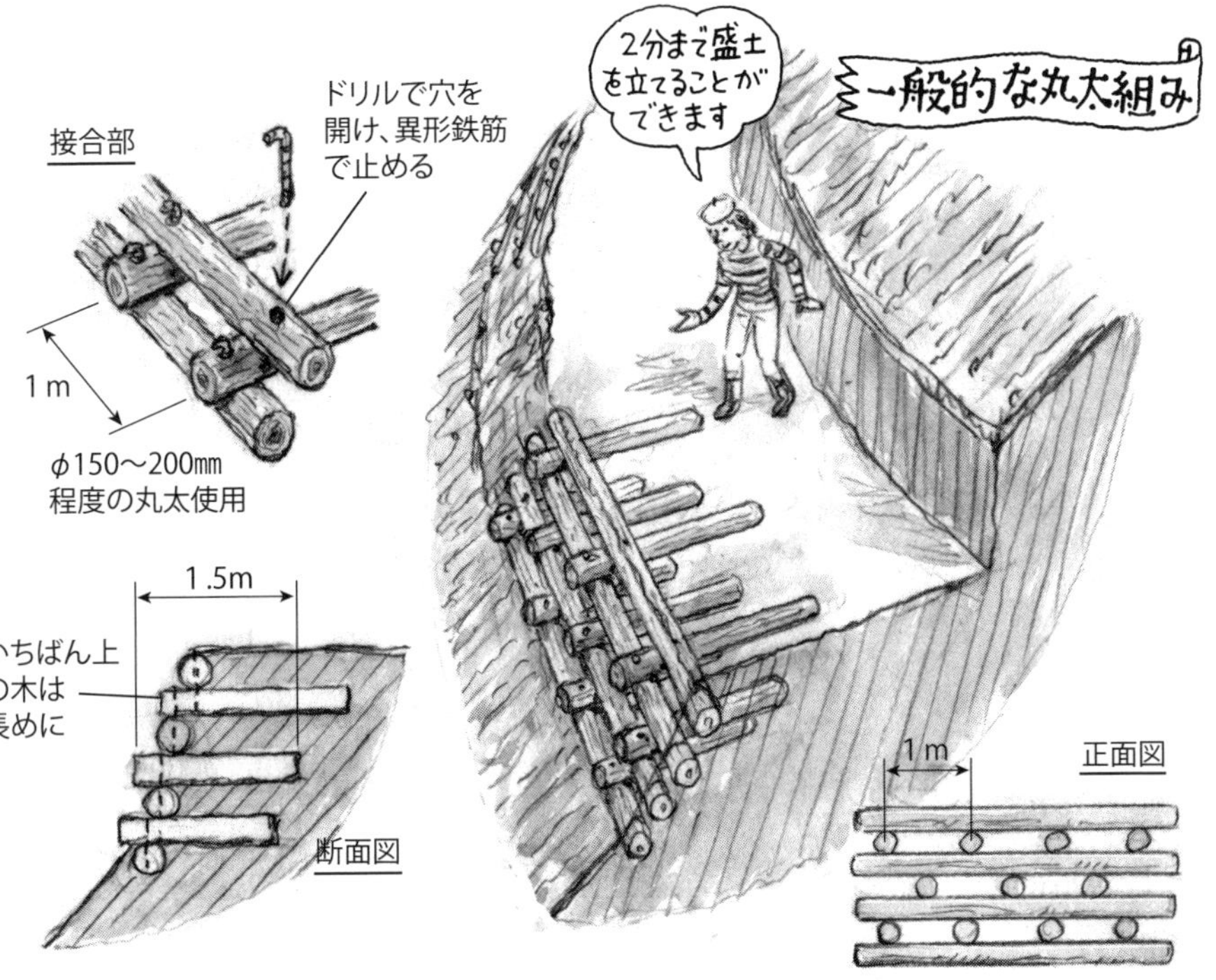
一般的な丸太組み
2分まで盛土を立てることができます
接合部
ドリルで穴を開け、異形鉄筋で止める
1ｍ
φ150～200㎜
程度の丸太使用
1.5m
いちばん上の木は長めに
断面図
1ｍ
正面図

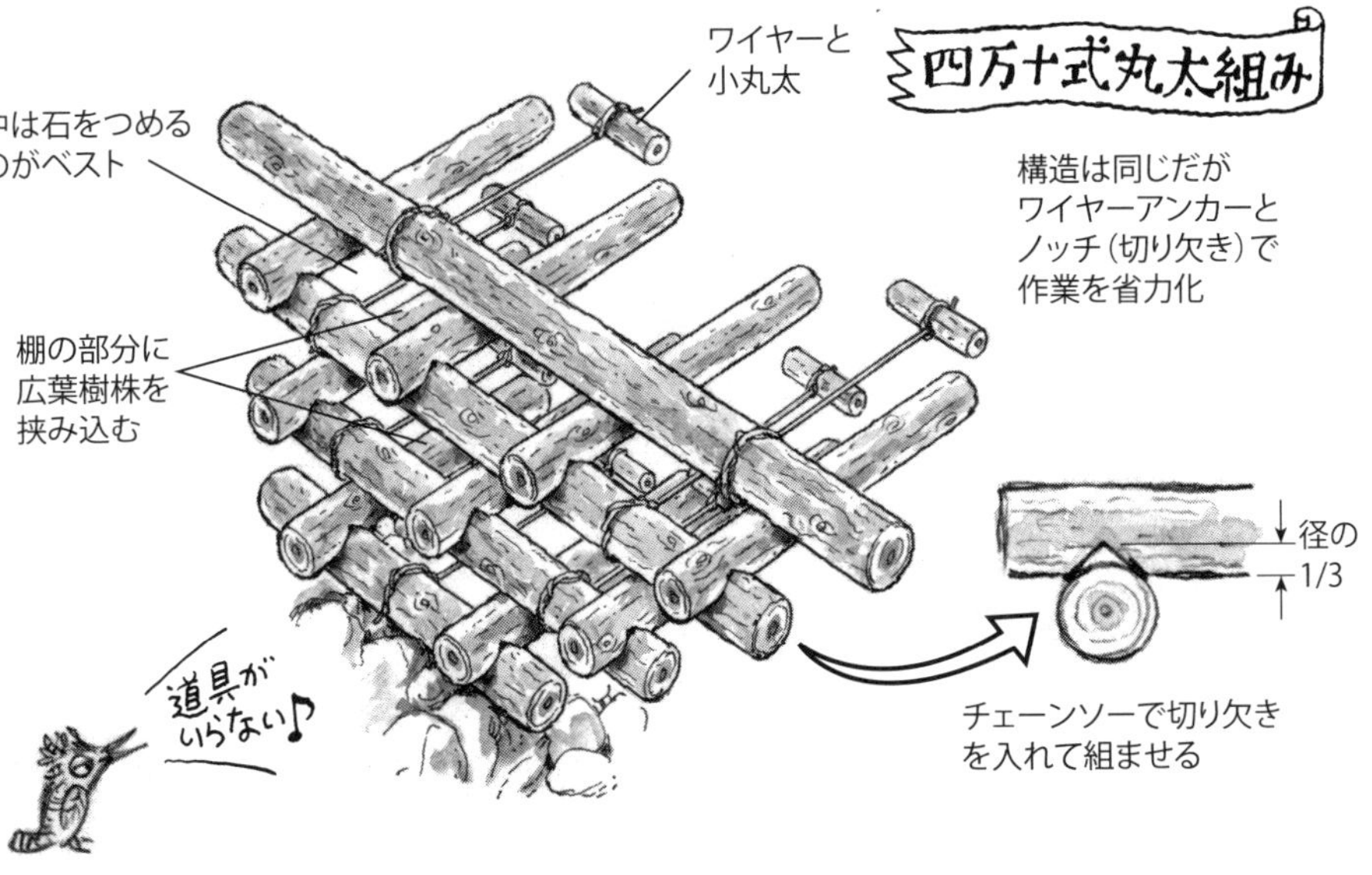
四万十式丸太組み
ワイヤーと小丸太
中は石をつめるのがベスト
構造は同じだがワイヤーアンカーとノッチ（切り欠き）で作業を省力化
棚の部分に広葉樹株を挟み込む
径の1/3
道具がいらない♪
チェーンソーで切り欠きを入れて組ませる

重要！
丸太アンカー工法

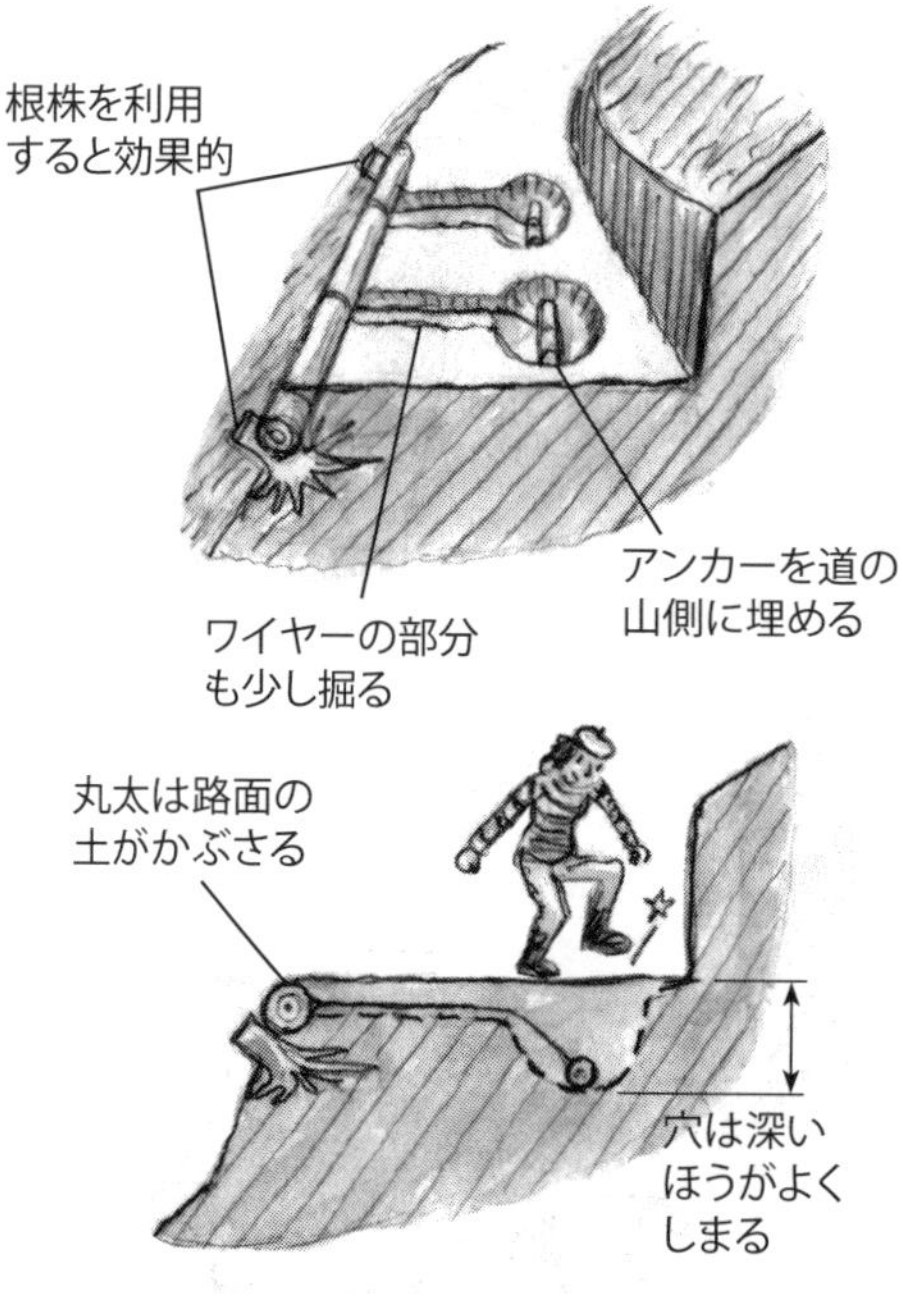
根株を利用
すると効果的
アンカーを道の
山側に埋める
ワイヤーの部分
も少し掘る
丸太は路面の
土がかぶさる
穴は深い
ほうがよく
しまる

急斜面では丸太アンカー工法が重機を安定させる。路肩が崩れず安心して先端部の施工にかかれるので、仮設工としても重要

石を入れたり広葉樹株を挟むなどしてそれを防ぐようにする。

「丸太アンカー工法」は路肩補強に効果的

一方で丸太を一本埋め込む感覚で使うこちらの「丸太アンカー工法」は、簡単でいて土留めと路肩補強に効果的であり、四万十式では頻繁に使われる。急斜面の横断では、表土ブロック積みと、半ばペアの技術と考えてよい。

具体的には、盛土上部に埋め込んだ根株二つを支点にして、丸太をのせれば、ちょうど橋梁のようになって構造的に非常に強い。さらに中央にワイヤーと小丸太でアンカーを入れて補強し、万全にする。根株が朽ちても、このアンカーで長く保つ。

丸太は支障木の末口二〇～三〇㎝程度のものを使う。スギ、ヒノキ、マツ等、なんでも使える。通直のものなら広葉樹を用いてもよい。

木が長い場合や、支点にする根株がない場合は、アンカーを二点、三点と増やしていく。ワイヤーは四分線（一〇㎜）を三本にほぐしたもの、もしくは二分線をそのまま使う。道幅が二・五ｍなら三・五ｍに、道幅が三ｍなら四ｍ程度に切って何本か

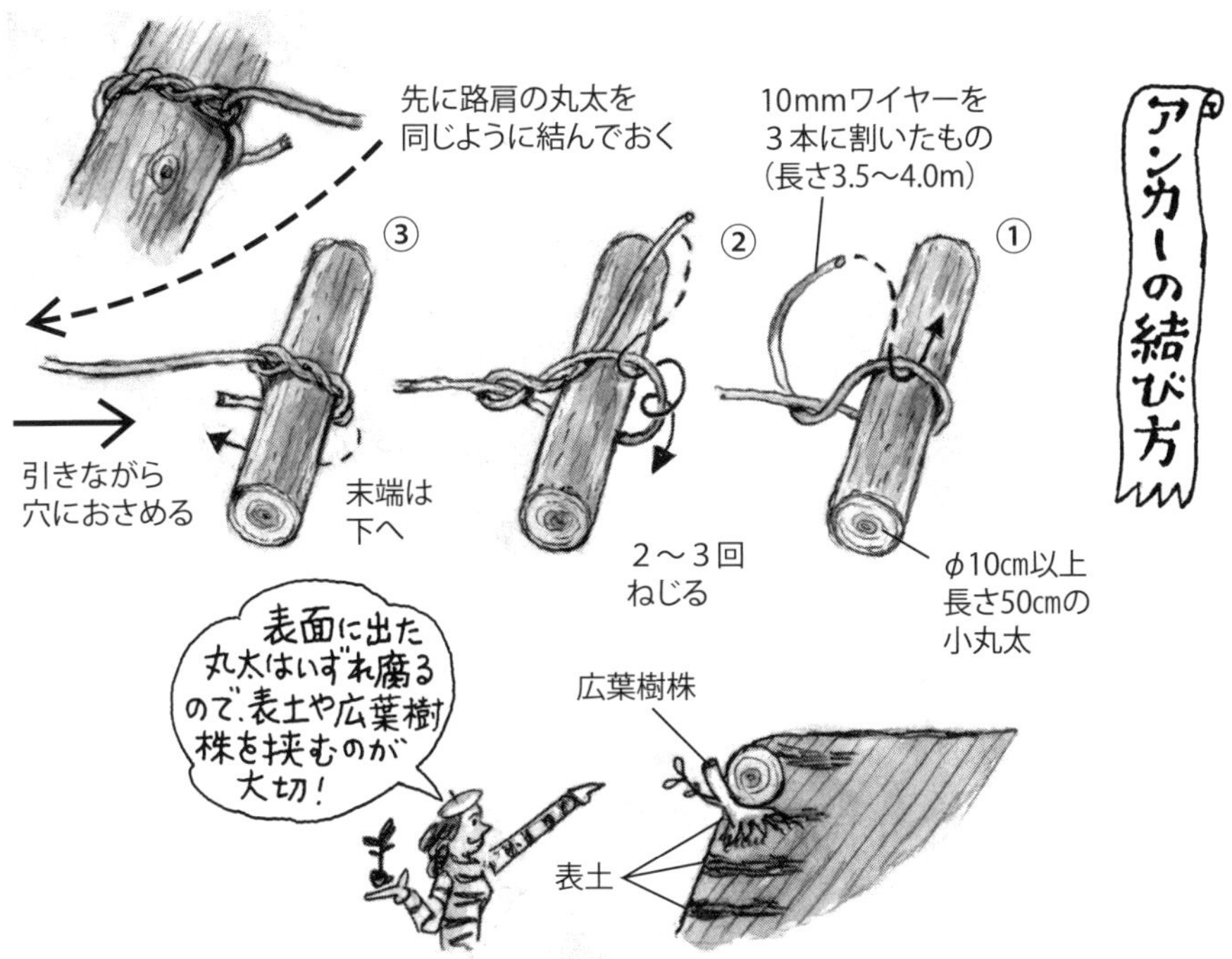
アンカーの結び方
先に路肩の丸太を
同じように結んでおく
10mmワイヤーを
３本に割いたもの
（長さ3.5〜4.0m）
③
②
①
引きながら
穴におさめる
末端は
下へ
２〜３回
ねじる
φ10cm以上
長さ50cmの
小丸太
表面に出た
丸太はいずれ腐る
ので、表土や広葉樹
株を挟むのが
大切！
広葉樹株
表土

用意しておく。

アンカーに使う小丸太は直径一〇cm程度、長さは五〇cm程度がよく、中央にワイヤーを結び、土留めの丸太と繋ぐ。道の中央よりやや山側（切土側）にバックホーで穴を掘り、ワイヤーが這う部分も浅く掘る。図のようにセットしたら土で埋め戻す。アンカーの穴は深いほうがよく締まる。

「丸太アンカー工法」のバリエーション

この丸太による土留めは、二本連続して繋いでいってもよいし、場合によっては二段三段に重ねて使ってもよい。段の間にノッチを入れた丸太を直角に数本渡して埋め込めば、丸太組みと同じになる。

また、最初から二段組みが予定されるときは、支点となる位置に先に根株を埋め込むようにする。

丸太止めとして使う根株に強い応力が予想される場合は、根株そのものにアンカーをとることもある（5章141ページの例参照）。

盛土が高い場合は二段階で積む

どうしても急斜面を通らねばならないとき、切土

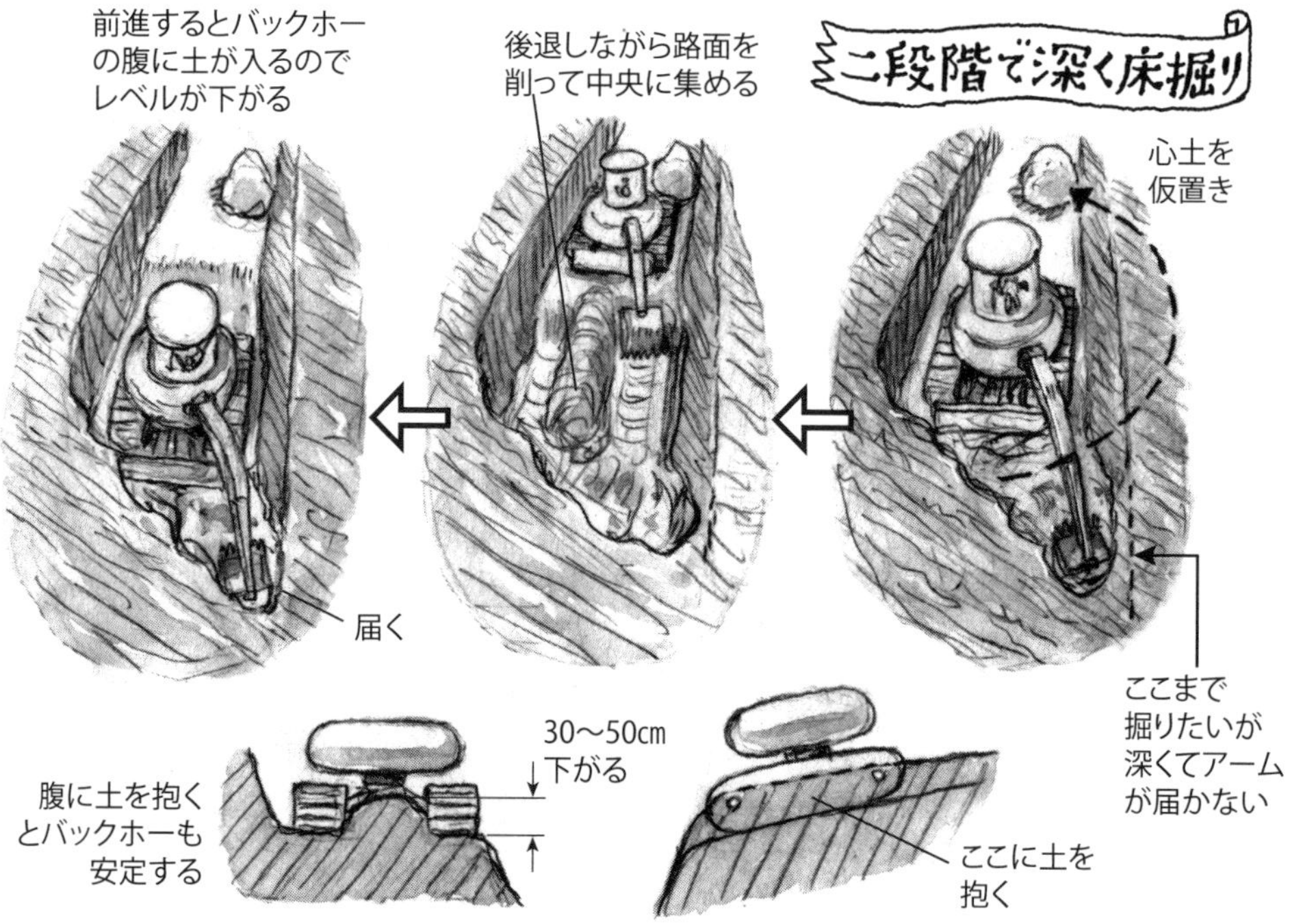
二段階で深く床掘り
心土を仮置き
ここまで掘りたいが深くてアームが届かない
後退しながら路面を削って中央に集める
前進するとバックホーの腹に土が入るのでレベルが下がる
届く
30〜50cm下がる
腹に土を抱くとバックホーも安定する
ここに土を抱く

も盛土も高くなる。こうした場合に、この丸太によるかさ上げ（土留め）が不可欠になる。ただそうなると、床掘りの位置が深くなり、アームの長さが足りず、土の移動や転圧などが難しくなる。そのときは、アームが届くところまで、バックホーの位置（レベル）を下げてから積み始め、半分が積み上がったら後退してもう一段を積む、という方法をとる。

一段目を積むとき、バックホーを一度後退させ、前の路面の土を掻く。そこにふたたび前進して、その土の山を腹の下（左右キャタピラの間）に抱えるようにすると、バックホーのレベルがそれだけで三〇〜五〇cmほど下がり、低い床掘りがやりやすくなる。しかも、バックホーは土を抱えているため安定する。

この場合、低い位置から根株を積むなり、いくつかの根株を重ねるなりするとよい。また、アンカーを使用した丸太かさ上げを併用する。このときのために、大きめの根株は保存しておく。大きめの根株は容積も大きく、盛土の足りないのを補ってくれる。

このときも、のり面側はつねに表土ブロック積みを怠らないようにする。

バックホーオペレーターの実感

講習会で指導する中川松勇さん

表土ブロック積みは、一般の土木作業ではゴミとして捨てられる表土を丹念に積んでいくという忍耐が要求される。従来の土建屋さんから見たら、この作業はかなりまどろっこしい辛気くさい作業になるのでは？

著者が取材しているとき、田邊さんともっとも頻繁に現場作業でチームを組んでいた名人級のバックホーオペレーター中川松勇さんに、その質問をしたところ、やっぱり土木時代は表土を捨てていたし、その価値を感じたことはなかったそうだ。

「表土？　そんなもん、あの頃はくしゃくしゃポイ！」

その中川さん、田邊さんとチームを組むようになって表土の価値に気づいた。一年もたたず表土ブロック工法を完全にマスターし、今や講習会に引っ張りだこの存在である。

中川さんはまた、林道を入れることで山が豊かになることを実感し、これまで背を向けていたご自身の所有林にも目を向けることになった、という。

もう一つの例。これまでの作業道づくりに関わっていた某県のオペレーター氏。いきなり表土ブロック積みを教えてみても、何かしっくりこない。よくよく聞いてみると、まず盛土の基礎がわかっていない。旧来の作業道、山を削るだけで盛土はしない、いわゆる「フットバシ」というやり方で、出た土は谷へ落としてしまう強引な作り方しかやってこなかった。

四万十式の大きな特徴の一つは「新しい盛土の技術」だ。オペレーター氏には、まずこの基本の部分に気づいてもらう必要がある。そして、半切り半盛りと、表土ブロック積みの技術、そのすばらしさに開眼してもらうと、その人は変わる。

初めて四万十式の出張実演講習会で、出来上がった作業道を見て、ある県の重鎮氏が「私も林道屋だが、これだけの急傾斜で、これだけの切土でおさまっていることにまず感動する」といっていたのが印象的であった。

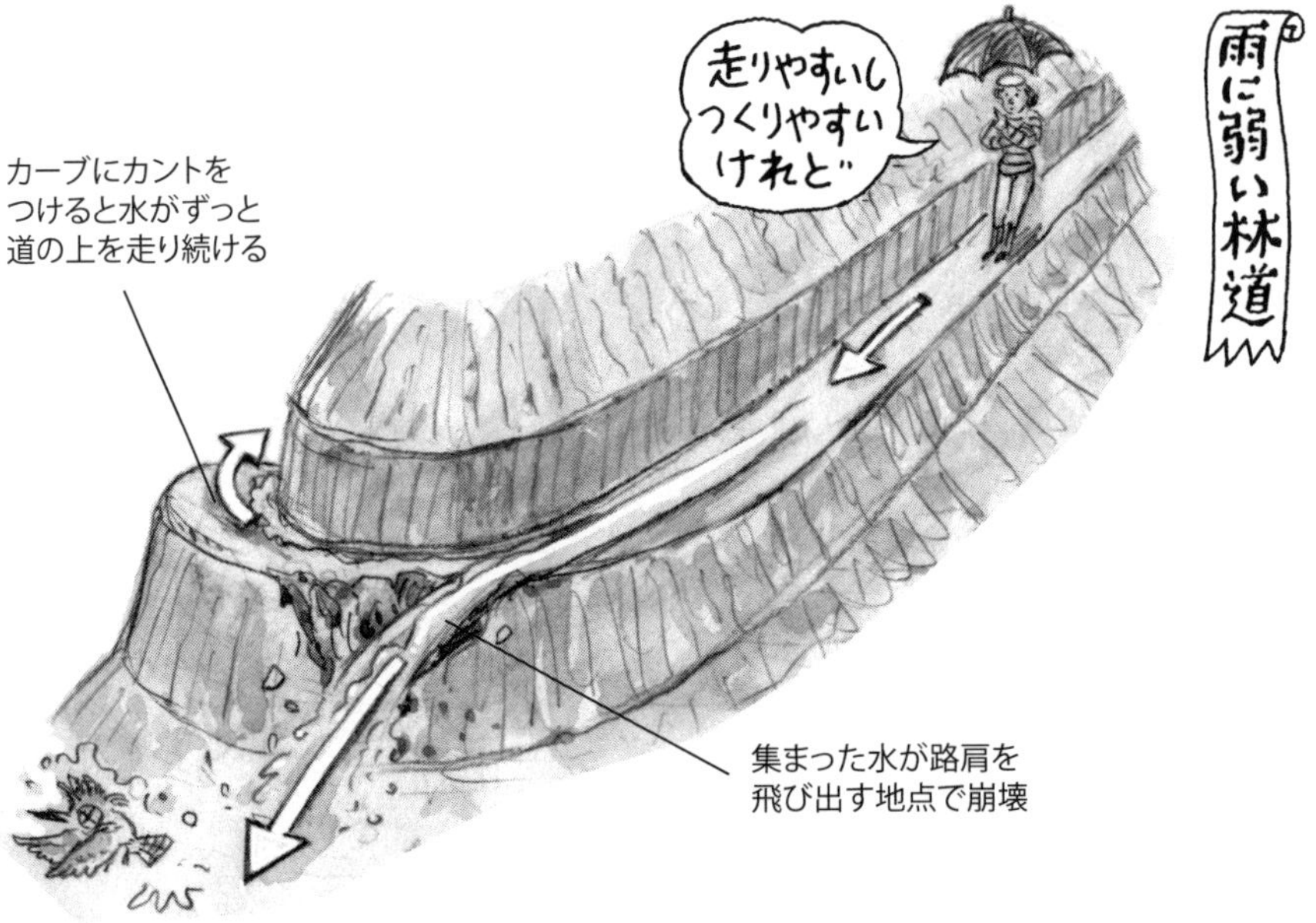
雨に弱い林道
走りやすいし
つくりやすい
けれど゛
カーブにカントを
つけると水がずっと
道の上を走り続ける
集まった水が路肩を
飛び出す地点で崩壊

3 雨水処理のラインのつくり方——路面のカタチと仕上げ

意識してアップダウンをつくる

表土ブロック積み、根株埋め込み、丸太構造物、石による補強、これらで完璧に固めた道でも、雨水の処理を誤ったら、その道は多かれ少なかれ崩れる。雨水をうまく排水するコツは、第2章でも書いたとおり「意識してアップダウン」をつくること、「道は谷側を低く」「カーブは逆カント」などであるが、これらは、バックホーのオペレーター自身が施業中に行なわなければならない。

現地踏査からコースを決めるにあたって、設計者は排水のイメージも同時進行で考えるが、実際にはテープの印だけでそこまで細かい指示は残せない。だからオペレーター自身が、排水の予備知識を十分に理解しておく必要がある。

また前伐り氏と協議して、アップダウンの位置を

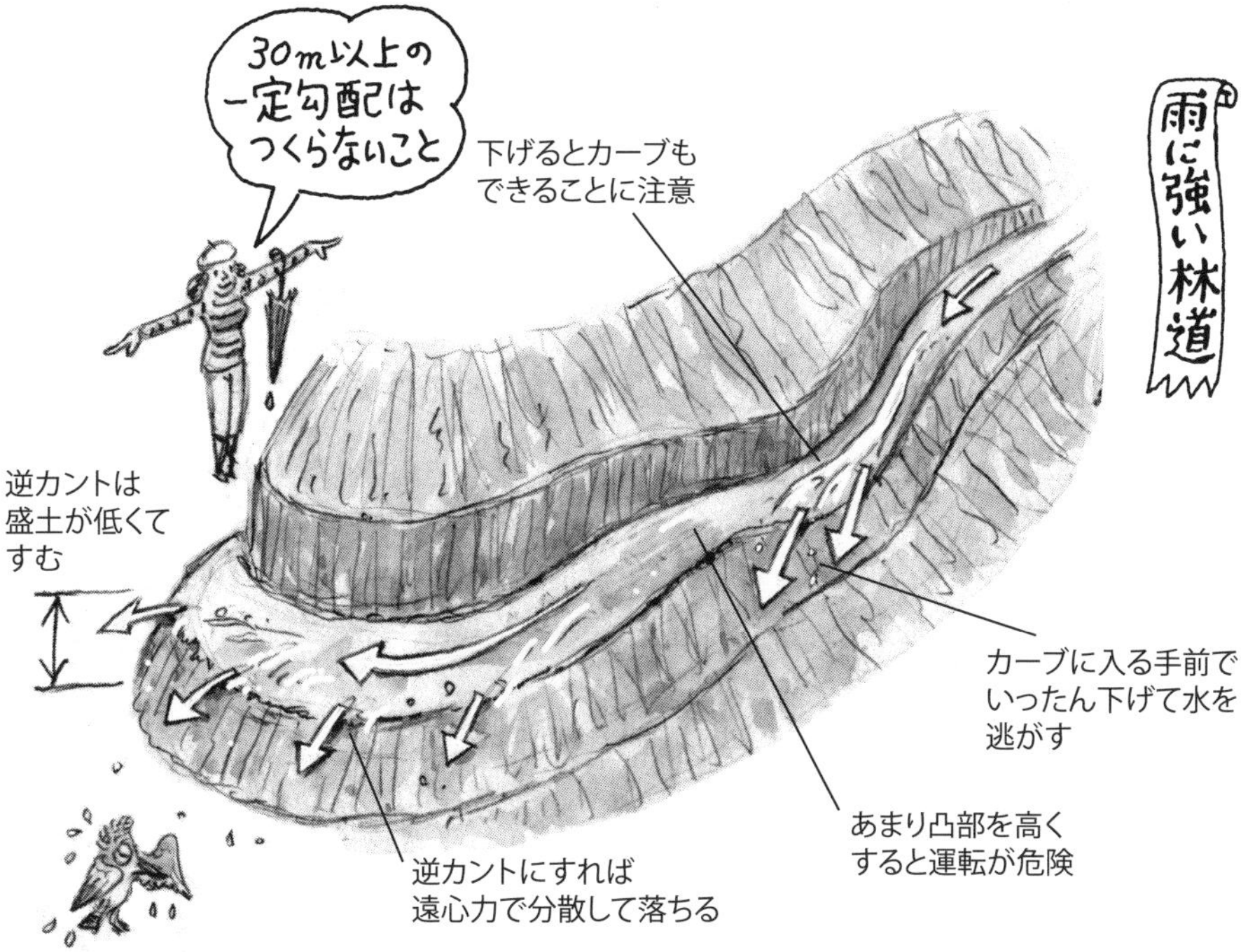

雨に強い林道
30m以上の一定勾配はつくらないこと
下げるとカーブもできることに注意
逆カントは盛土が低くてすむ
カーブに入る手前でいったん下げて水を逃がす
あまり凸部を高くすると運転が危険
逆カントにすれば遠心力で分散して落ちる

確かめておく必要がある。前伐りは予定の地盤高をオペレーターに事前に示さなくてはならない。高低差の変化は、最後の路面調整（切土仕上げで出る土の調整）だけでは追いつかず、あらかじめそのように地山を切る必要が大きいからである。前後の土の移動もこれで決まることになる。

四万十式に慣れないオペレーターは、一般にきれいなまっすぐな道をつくりたがるものだ。雨降りの後、自分でつくった道を見に行くといい勉強になる。アップダウンの道の「山（アップ）」の部分が尖っていると、木を運ぶ林内作業車は振り子のように前に揺られて危険だ。「凸部は滑らかに」が基本である。

雨水を排水するのは尾根側で

尾根や沢は、排水の工夫がわかりやすい。尾根はカーブで水を振り分ければいいし、沢は「洗い越し」で通過すればいい。問題は、山腹斜面や丘のような地形のところだ。

長い直線が続くときは、意識して下げる場所をつくり、排水する。この際、路面は谷側に排水勾配をつけておかないと、道の中央に水が溜まってしまう。また山ひだを横断していくルートでは、尾根回り

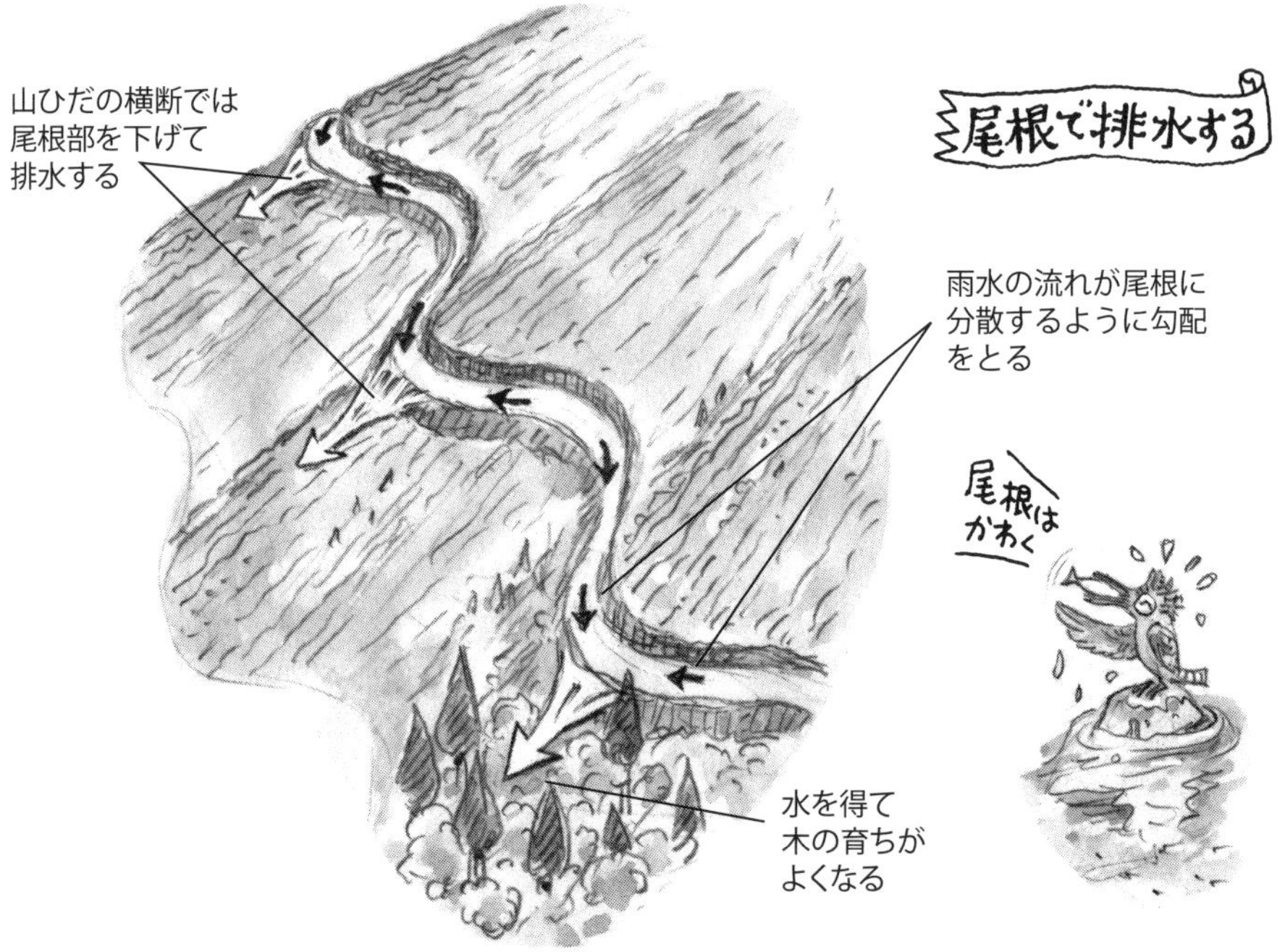
尾根で排水する
山ひだの横断では
尾根部を下げて
排水する
雨水の流れが尾根に
分散するように勾配
をとる
水を得て
木の育ちが
よくなる
尾根は
かわく

のときに下げる（排水点にする）のが定石だ。谷側に水を集中させたくないし、尾根は乾きが早い場所だからである。

排水溝「水切り」――丸太を使って

水は重力と慣性で低いほうへ直線的に流れていくので、必然的にカーブは水の出口になる。長い下り斜面の先にカーブがあれば、カーブの路肩に大きな排水の負担がかかる。その場合、カーブの手前でいったん道を下げて排水してやるといい。地形の制約から下げられないときは、丸太で斜めに排水溝「水きり」を設置する。

支障木を使って、道に斜めに丸太を埋め込むのである。丸太の直径は一〇～二〇㎝程度。地上に出ている部分は断面の半分以下でいい。水は丸太をガイドにして谷側へ導かれる。タイヤの轍《わだち》は水路になりやすいが、この「水きり」があると、その水流もこの「水きり」で断ち切ることができる。

水切りの出口（路肩の部分）は吐き口となり、水に集中的に洗われる部分なので、石や根株などを埋めて補強しておくといいだろう。

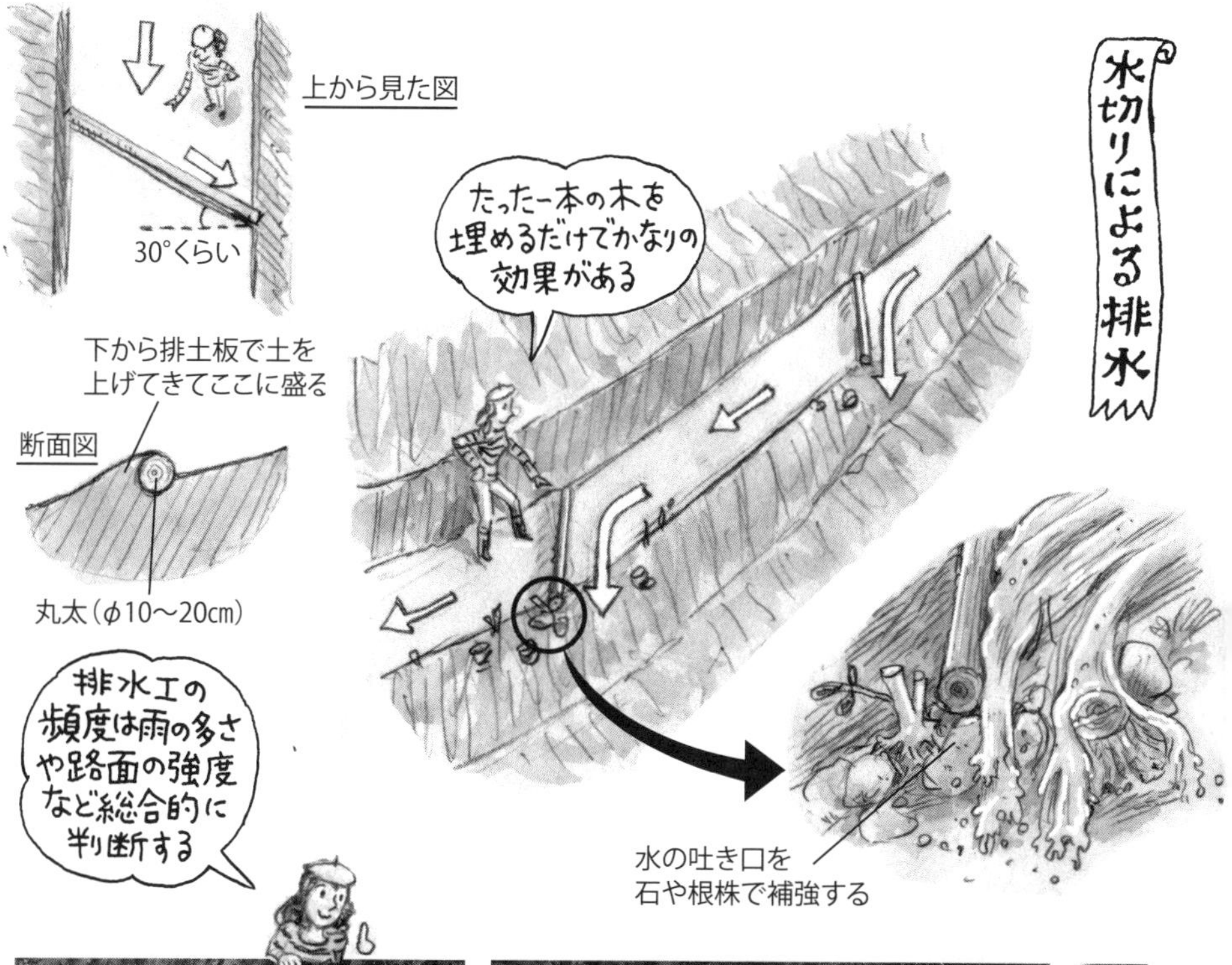
水切りによる排水
上から見た図
30°くらい
下から排土板で土を
上げてきてここに盛る
断面図
丸太（φ10～20㎝）
たった一本の木を
埋めるだけでかなりの
効果がある
排水工の
頻度は雨の多さ
や路面の強度
など総合的に
判断する
水の吐き口を
石や根株で補強する

豪雨で土が解け、小石の下だけ土が塔のように残っている。路面に砂利敷けば雨に強いことがわかる

丸太の水切り、施工直後のもの。丸太をガイドにわだちの水流が谷側に逃げていく。支障木を利用した簡単なものだが、効果がある

S字はなぜ尾根なのか？
尾根のほうが
傾斜がユルイ
山腹は傾斜
がキツイ
平らな面の
S字は土の配分が
すごく難しい
切土が
高い！
凸面なので
切り盛りが明解
<尾根>
<山腹>

4　S字カーブ（ヘアピンカーブ）とスイッチバック工法

経験でラインを描き、現場の感覚でつくる

急峻な日本の山ではＳ字カーブをつくらないと高低差が消化できない。Ｓ字を尾根でつくることが多いのは、

・山腹を上るより尾根のほうが傾斜がゆるい
・尾根は地質がよい
・前後の土の移動でＳ字の形がうまくおさまる

という理由による。

　Ｓ字は、木材を積んだ運搬車が通るのであるから、ハンドルの切り返しなしで一回で曲がれるカーブでなければならない。トラックや運搬車の最小回転半径以内におさめる必要があるし、カーブの中の勾配も、利用する運搬車に合わせた最急勾配よりも

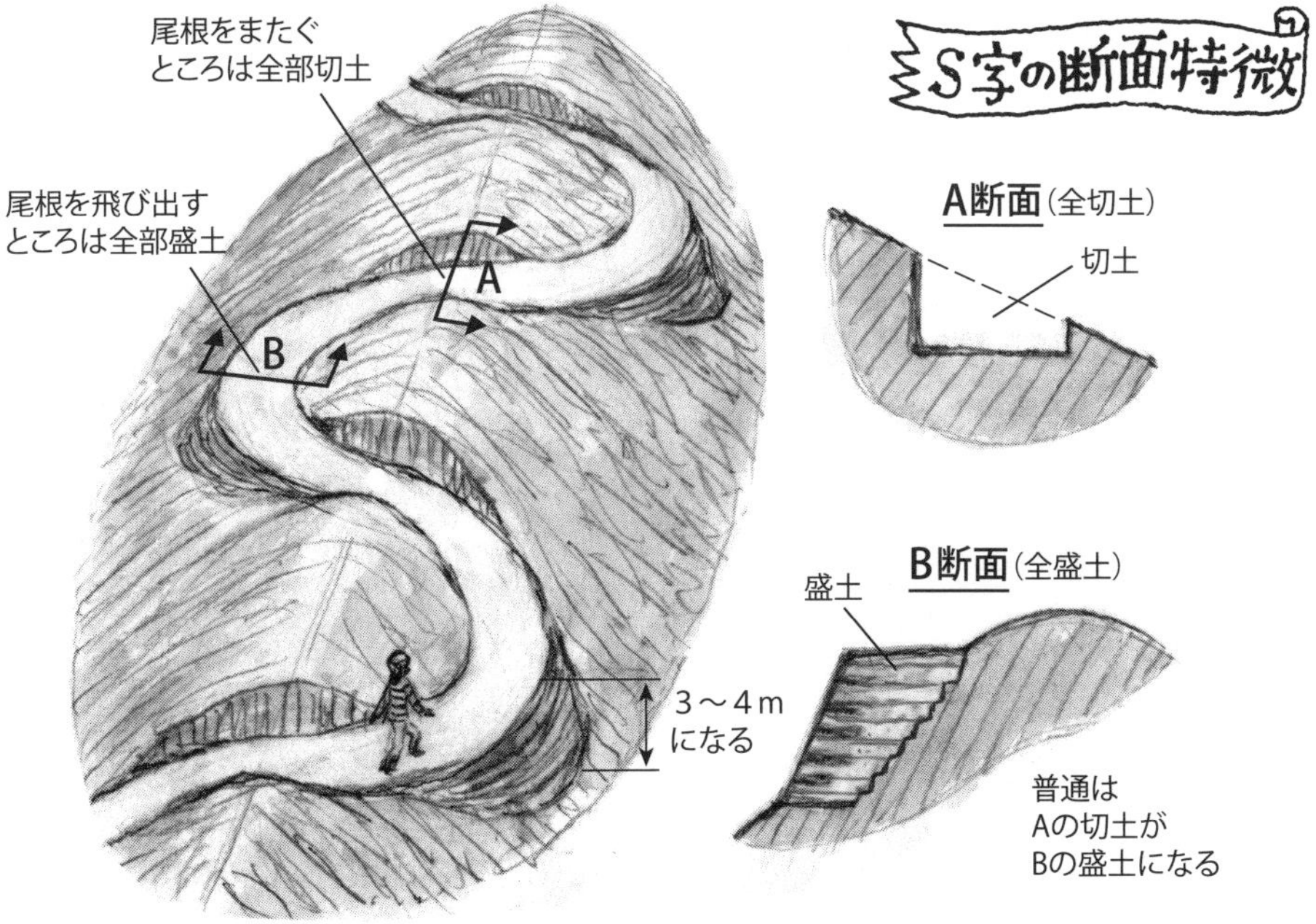
S字の断面特徴
尾根をまたぐ
ところは全部切土
尾根を飛び出す
ところは全部盛土
A
B
3〜4ｍ
になる
A断面（全切土）
切土
B断面（全盛土）
盛土
普通は
Aの切土が
Bの盛土になる

ゆるくする必要がある。

しかし、このような諸要素を、毎回かたちの違う尾根にあてはめ、測量し、図面化し、その通りに施工する、というのはあまりにも細かい作業が出てきて到底不可能だ。

実際に自分で経験しながら全体の要領を感覚で覚えるのが一番早い。また、バックホーオペレーターは、実際にＳ字カーブをつくりながら、真っ先に道を通過する者である。したがって、急すぎる道、一回で曲がれない道は、つくりながら自然と避けるものである。

Ｓ字カーブの特徴と、そのポイント

ふつうの斜面につくるカーブと、尾根につくるＳ字カーブの大きな違いは、前者は「半切り半盛り」で進行しながら連続してつくれるのに対し、Ｓ字の場合は上図のように盛土だけの部分や切土だけの部分が出てくることで、それは道の前後の土の移動が必要だということを意味する。

Ｓ字はカーブの出っ張り部分が尾根に突き出るようにつくらないと、Ｚ字になって曲がれないカーブになってしまう。イメージとしては空中に道が突

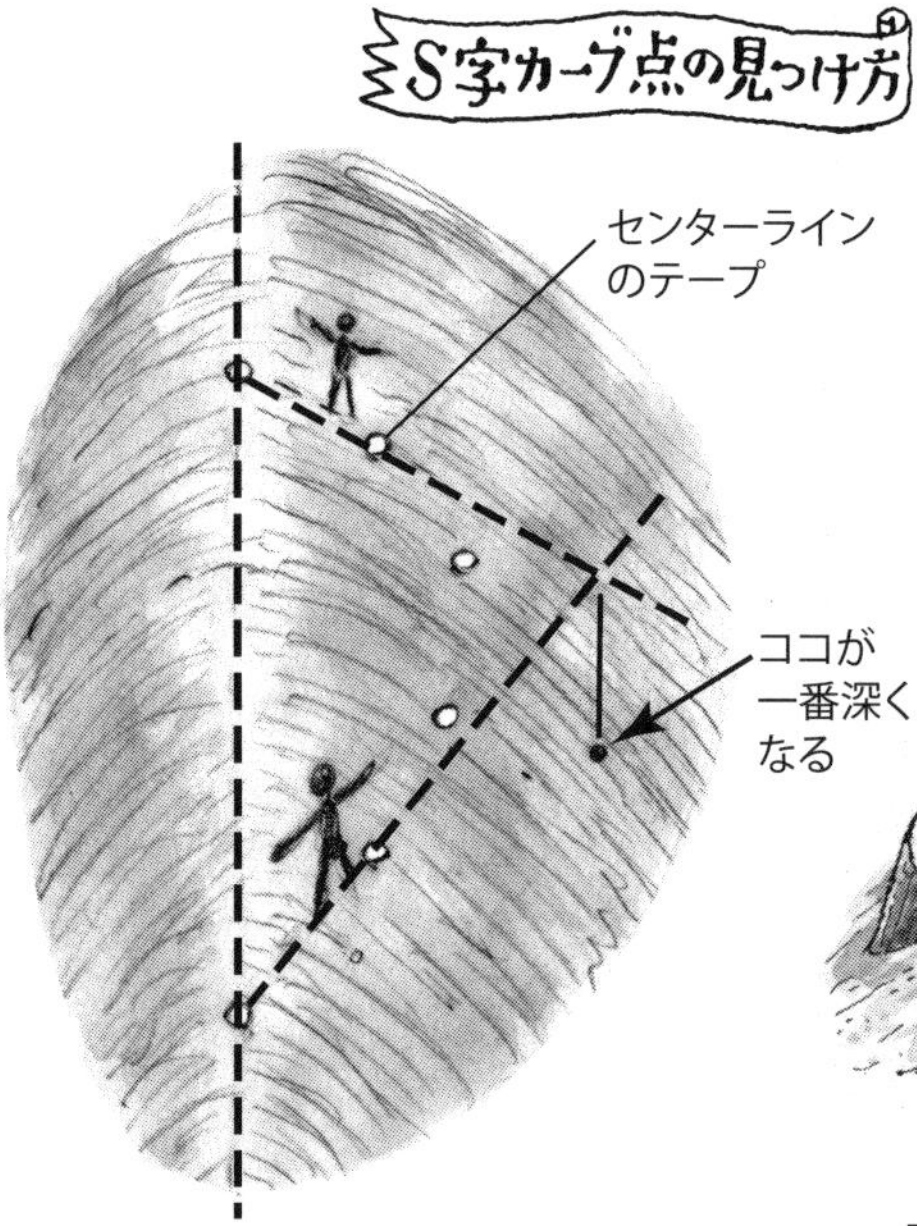
S字カーブ点の見つけ方
センターラインのテープ
ココが一番深くなる

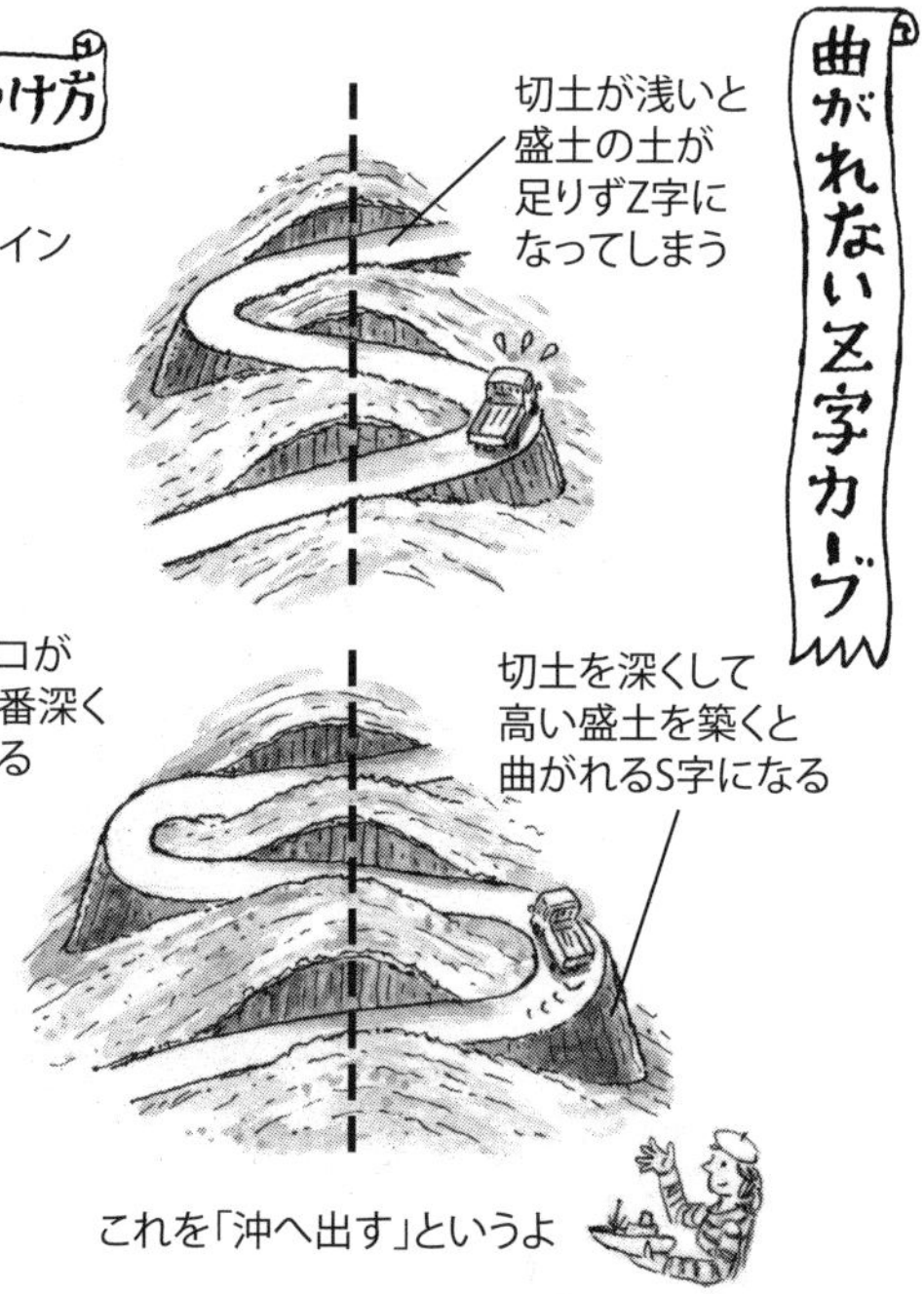
曲がれないZ字カーブ
切土が浅いと盛土の土が足りずZ字になってしまう
切土を深くして高い盛土を築くと曲がれるS字になる
これを「沖へ出す」というよ

き出すわけで、これを田邊さんは「沖へ出す（山の外側へ飛び出す）」と表現する。言い得て妙であるが、当然ながら山の外側へ飛び出す部分は盛土になり、それもかなりの土を必要とし、盛土も高く積まねばならない。

　盛土に足りないその土は、尾根をまたぐ部分の土を削って運んでくる。最終的には、尾根の中央部は盛土がほとんどないか、両側が切土になるくらい削られる（全切土）。尾根中央部の路面レベルが低くなれば、結果的に道はゆるい一定勾配になるのだから、かえって車は走りやすくていい。一定勾配が続いても、雨水はカーブの逆カントで排水するから大丈夫だ。

S字カーブ点の床掘り位置

　このS字カーブをつける場合に重要なのが、床掘りの位置である。これを見極めるにはまずS字カーブが始まるというところに立ち、自分の後ろの道を直線的に前に伸ばしてみる。それと上からのカーブの接線が交わるところ、そこがもっとも盛土が深く、外側へ飛び出す地点だ。

　この床掘りの位置が、カーブのラインを決めてし

土の移動
この土をここまで移動
写真次ページ
土の移動は少しずつ
バケットでかき寄せながら
バックで降りる

盛土の積み方
このときのために特大の根株などをとっておく
一例です
丸太アンカー〔丸太組み〕
と根株埋めの組み合わせ

まうので、最初は意識して床掘りを「山の外側へ」「深めに」とったほうがよい。もし山の外側へ出し過ぎたときは、盛土のときにのり面を寝かせることで修正が効くが、手前すぎて失敗すると盛土が立ち過ぎて修正がきかない。

盛土の積み方

この盛土を高く積むところは、大きめの根株を何個か使う。構造上強くなるだけでなく、土が足りないのを補ってくれる。丸太アンカー工法も組み込むといい。

尾根では石が出る確率が高いので、出た石を根株と組み合わせるとさらに強くなる。ただし、のり面側には、つねに表土ブロック積みを併用するのはいうまでもない。

土の移動のさせ方

尾根の中心部からの土の移動は、最初からバックホーで大量に削ってはダメで、まず粗道をつくってから、少しずつ何度にも分けて、浅く広く、土を移動させる。空身で前進し、削るところまでアームが

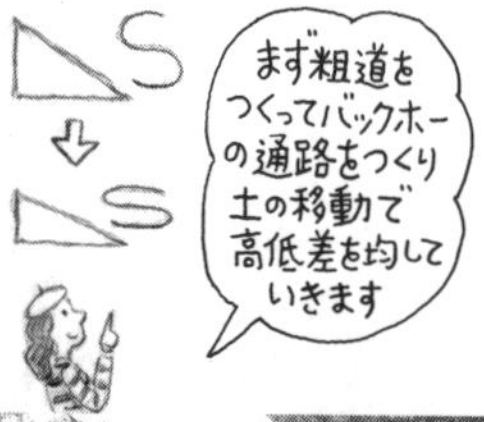
S
S
まず粗道をつくってバックホーの通路をつくり土の移動で高低差を均していきます

移動した土をカーブ部に盛っているところ。根株をテトラポットのように重ね、表土ブロック積みを併用している

尾根センター部の切土から出た土をS字カーブ部の盛土へ移動しているところ。少しずつ掻きながら後退する地道な作業だが、この繰り返しが路面の整形と転圧を兼ねる

最終的には
緑化で保たせる

届くようになったら、バケットで土を掘り起こし、後退しながらその土をバケットで手前に掻いてくる。この動作を何度か繰り返すことで、道を締め固める効果がある。

S字カーブでは、バックホーによる「斜め踏み」ができないので、この動作は重要になる。また、土を少量ずつ何度も移動させ、その上を行ったり来たりすることで、自然と運転しやすいカーブがつくられていく。しかも自然に「逆カント」がつくられる。バックホーが自重でカーブ上の柔らかい土を踏み固めることで、バックホー自身がいちばん安定して曲がれる傾斜や勾配が、自然にできていくのだ。

山腹斜面を簡易に登るスイッチバック

山腹斜面は横断路にはいいが、S字で登るには道が非常につくりにくい。尾根よりも急斜面であるうえに、カーブの盛土を得ることが難しい。外側に道を出すには大量の土が必要で、切土が部分的に高くなり、おうおうにしてZ字になって曲がれない道になる。土も柔らかいので山肌に大きな傷をつけると崩壊しやすい。

登はん路を尾根や谷に求めるレイアウトは、地質

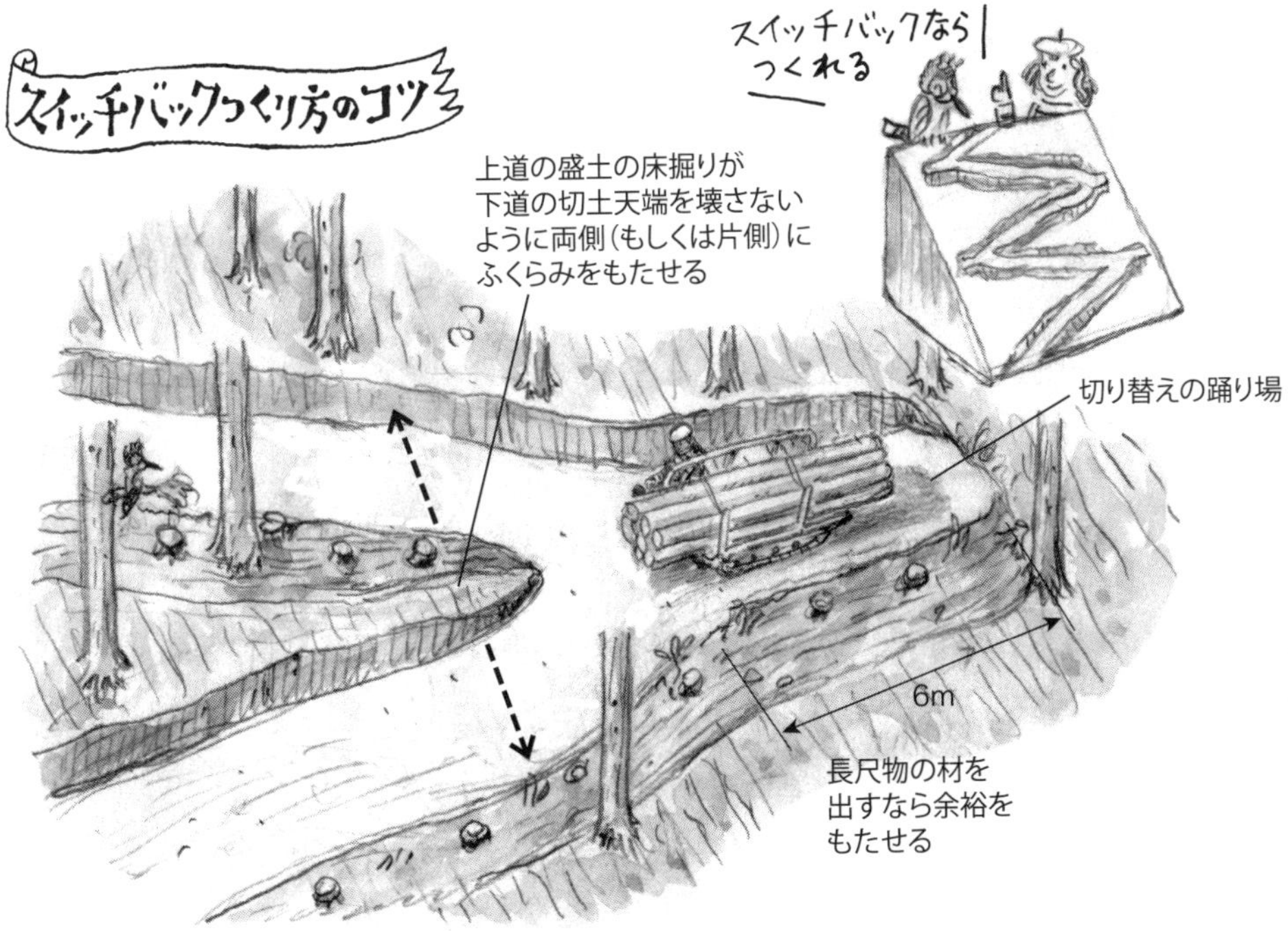
スイッチバックつくり方のコツ
スイッチバックなら
つくれる
上道の盛土の床掘りが
下道の切土天端を壊さない
ように両側（もしくは片側）に
ふくらみをもたせる
切り替えの踊り場
6m
長尺物の材を
出すなら余裕を
もたせる

の硬さや排水のしやすさだけでなく、このような土の移動や立体的なつくりやすさという点からも、理にかなっているのだ。

こんな山肌斜面では、前後に運転席を切り替えれる作業車があれば、スイッチバックをつくれば難なく上がれる。スイッチバックはＳ字カーブよりずっと簡単につくれる。

Ｓ字の大掛かりなものは、カーブだけで施工に半日もかかる場合があり、開設コストが高くつく。スイッチバックだと簡単につくれるぶん、かなりコストダウンになる。ただし、軽トラなどの車両は通行困難になる。

スイッチバックづくりの要点

スイッチバックはＺ字の鋭角なカーブを山腹につくると思えばよい。カーブの先からクラッチ切り替えのための平坦な踊り場を何ｍか延ばしておく。カーブの変化点近くでは、上の道の盛土が下の道の切土を崩してしまうことになるので、そこでは下の道は斜面の外側にやや飛び出すようにつくり（盛土中心）、上の道は斜面に入り込むようにつくる（切土中心）などの工夫をする。

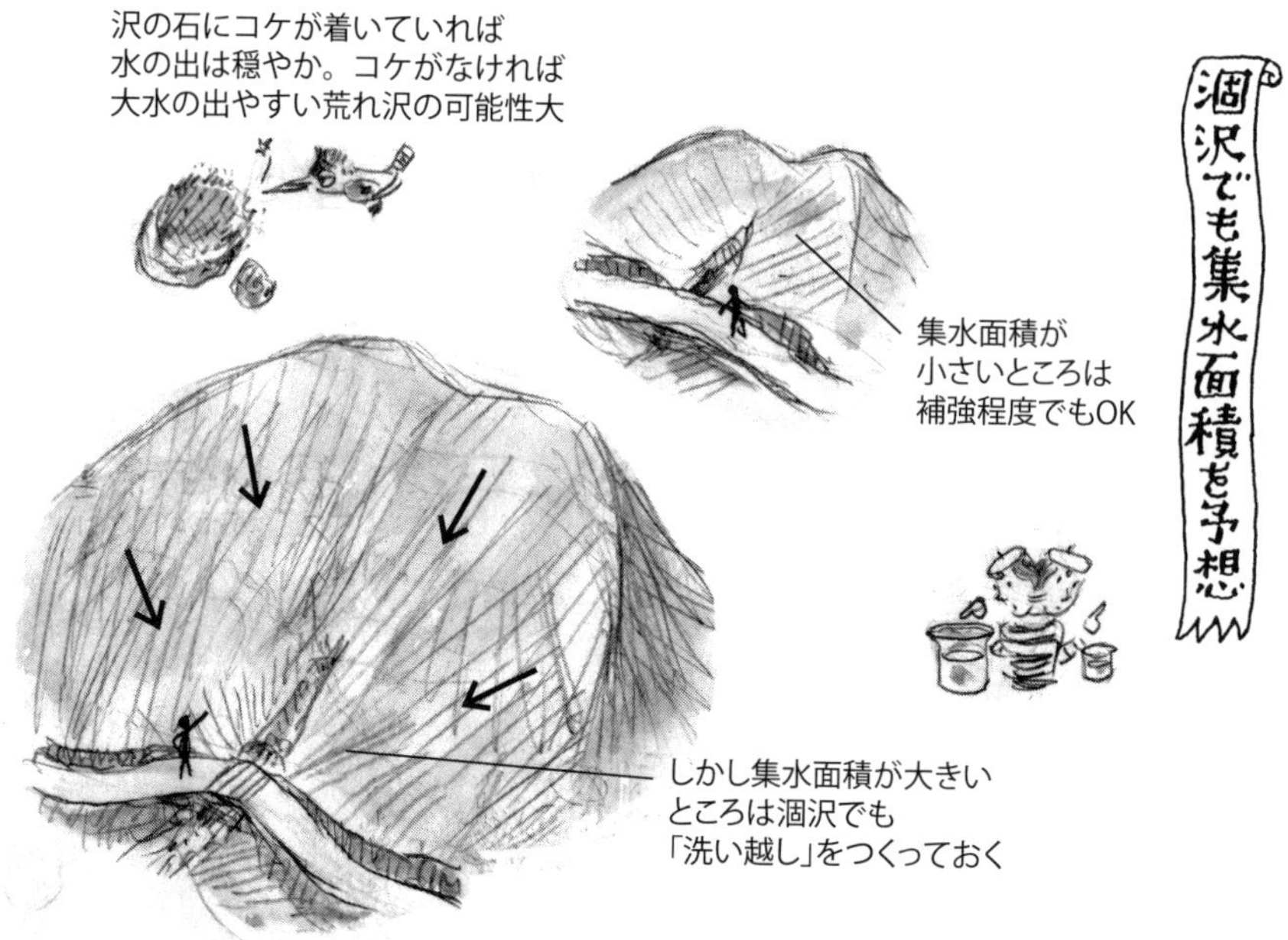
涸沢でも集水面積を予想
沢の石にコケが着いていれば
水の出は穏やか。コケがなければ
大水の出やすい荒れ沢の可能性大
集水面積が
小さいところは
補強程度でもOK
しかし集水面積が大きい
ところは涸沢でも
「洗い越し」をつくっておく

5 「洗い越し」工の手順

涸れた沢にも必要

急峻で雨の多い日本の山は、沢だらけである。ふだんは涸れている溝のような凹みも、大雨の際には水が流れることがあり、道を壊す原因になる。日本のような山に作業道をつけるには「洗い越し」工は非常に重要なポイントになる。

どの程度の規模の涸れ沢にまで「洗い越し」が必要か？　は、周囲の状況を見て判断する（過去に水が出た痕跡を探してみる）。尾根の頂上に近いところなら必要ないかもしれないが、山腹の下のほうは水が集まる可能性が大きい。その沢の集水面積を考えてみるといい。

徒渉点の選定

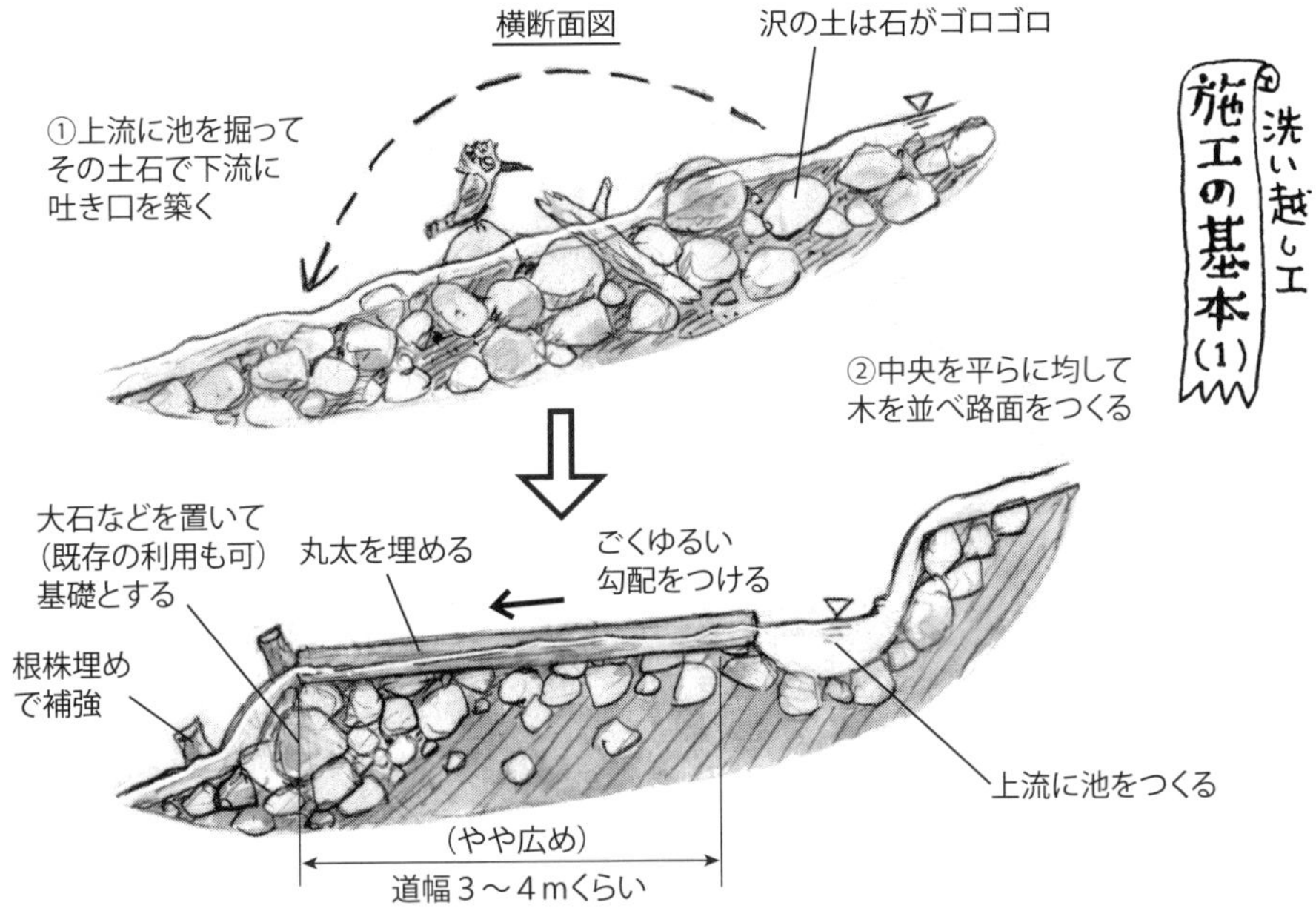
横断面図
沢の土は石がゴロゴロ
①上流に池を掘って
その土石で下流に
吐き口を築く
洗い越し工
施工の基本（1）
②中央を平らに均して
木を並べ路面をつくる
大石などを置いて
（既存の利用も可）
基礎とする
丸太を埋める
ごくゆるい
勾配をつける
根株埋め
で補強
上流に池をつくる
（やや広め）
道幅３～４ｍくらい

「洗い越し」の徒渉点は、第2章で述べた通り、「水流に直角に渡る」「上流に池を掘って流速を落とす」「吐き口ののり面をしっかり補強する」を原則として、これがつくりやすい位置にとる。とくに動かない大きな岩などがあれば、そこを使って吐き口ののり面の一部とし、強固な洗い越しをつくることができる。どこでも渡れそうなら、じめじめした暗い所は避け、明るく陽が差しているような所を選ぶ。

洗い越しの徒渉点の位置が、前後の道から下方すぎると、丸太を積んだフォワーダ、たとえば六ｍの長材がつかえて渡れない場合がある。河床を上げるのは木や石を積めば簡単なので、あまり下がり過ぎないようにする。

施工の順序

まず、上流側に流速を弱めるための池を掘る。そこから石や砂利がたくさん採れるはずだ。それを徒渉点に積み上げて、河床を上げる。すなわち盛土するということだが、その材料は土ではなく、水に流れない石や砂利でなければならない。

できるだけ高く積み上げたいが、石や砂利が足りないときは、支障木を何本か流れの方向に置いて、それに石を組み合わせる。そうして河床を上げながら、同時に吐き口の補強も行なう、という手順で施工する。

池の下流側に、伐り株や大石があれば、そこに埋め込むと、大水が出たとき、さらにいいクッションになる。

吐き口にも石と伐り株を組み合わせるのがふつうの方法だが、伐り株は流水の中心には置かず、左右に置く。生きた広葉樹根株も同様にいい補強材となる。

吐き口の補強に根株や石がないときは、支障木を使って丸太組みを置くという手もある。この方法は流水が少ない場合や涸れ沢には向くが、流れの多い沢だとアンカーをとったりする作業がやりにくい。

路面の処理

路面は窪ませず、平らにする。平らにすることで、越流水深が浅くなり、流速がそがれる。車も走りやすい。

丸太と石で高く積んだ場合、伏流して路面まで水が上がらないこともある。この上にヒノキの枝葉(伐採残滓)を大量にかぶせ、その上に土や砂利を載せて転圧し、滑らかな路面にすることもできる。

急な沢の対応

沢の傾斜がきつければ流速も早く、大雨のときの破壊力も大きい。上流の池を深く(もしくは二段に)、下流の吐き口を二段階につくる、というような対処で、破壊力を軽減させる。水路において落差工で流速をそぐのと同じ原理である。

と同時に、かなり下から滑り崩壊を起こすこともある。下流側にも、もう一段丸太組みなどで堰堤をこしらえておくと安心だ。

湧水の処理

雪国など積雪の多い地域では伏流水が多い。断層の破砕帯の山では、切土したとき湧水が出る場合がある。丸太数本を使って暗渠をつくり、道を横断させ、谷側へ流す。丸太の上にヒノキの枝葉や柴などを敷き、その上に土をかぶせて転圧すると、目づまりよけになる。吐き口周辺は石や根株で補強するとよい。

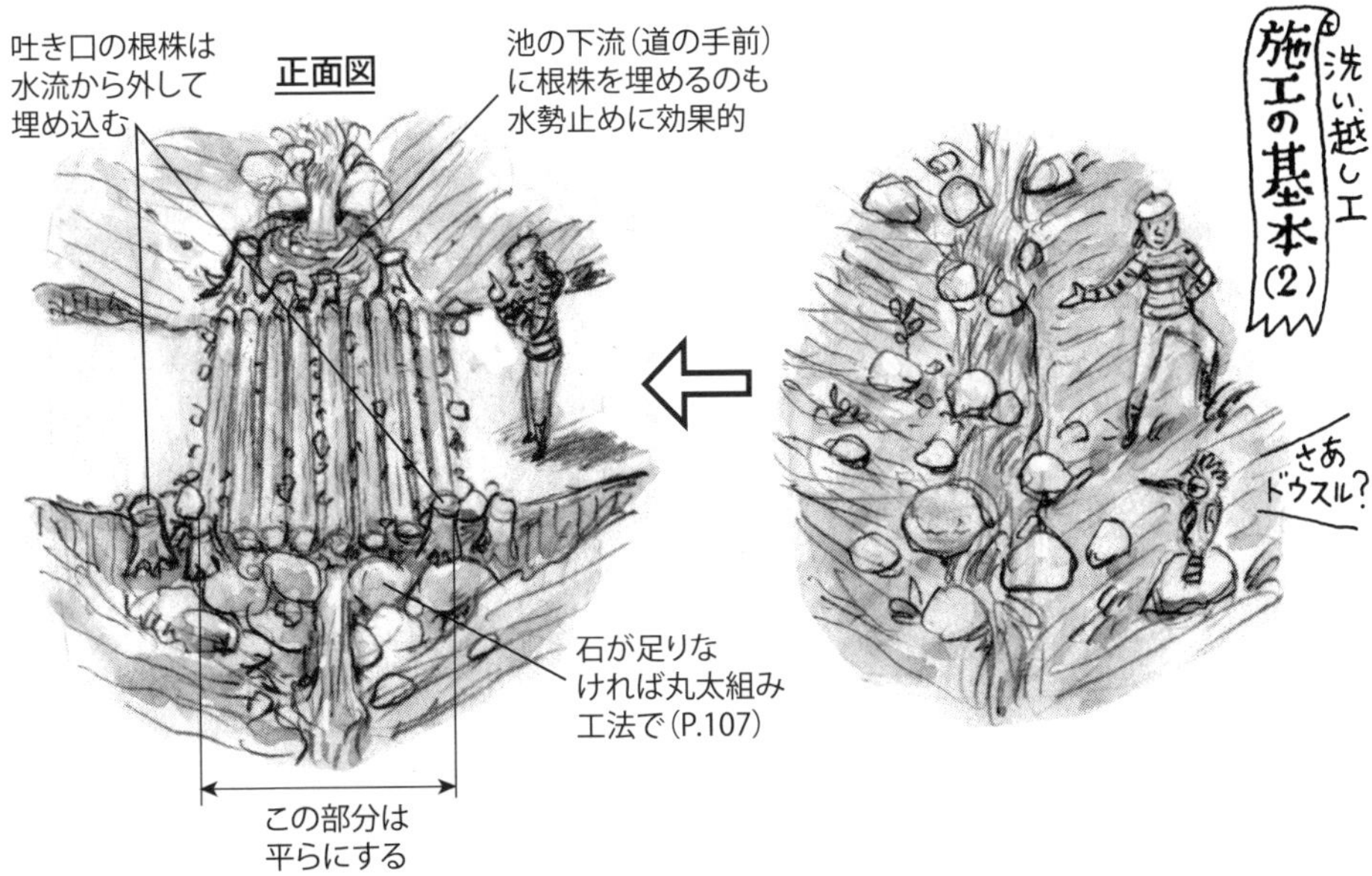
施工の基本（2）
洗い越し工
正面図
吐き口の根株は
水流から外して
埋め込む
池の下流（道の手前）
に根株を埋めるのも
水勢止めに効果的
石が足りな
ければ丸太組み
工法で（P.107）
この部分は
平らにする
さあ
ドウスル？

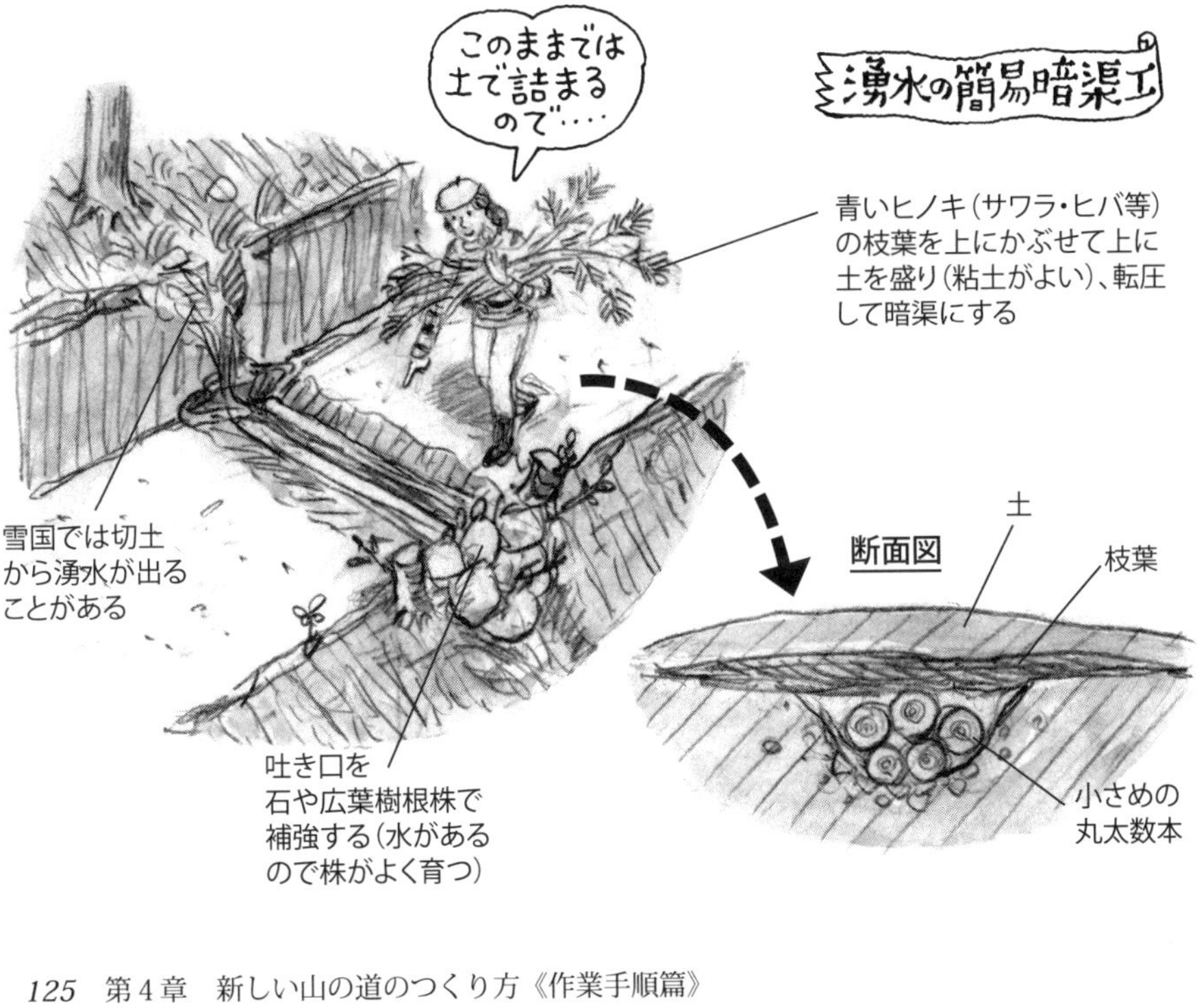
湧水の簡易暗渠工
このままでは
土で詰まる
ので……
青いヒノキ（サワラ・ヒバ等）
の枝葉を上にかぶせて上に
土を盛り（粘土がよい）、転圧
して暗渠にする
雪国では切土
から湧水が出る
ことがある
断面図
土
枝葉
小さめの
丸太数本
吐き口を
石や広葉樹根株で
補強する（水がある
ので株がよく育つ）

'07.6.4 群馬県根利

ドキュメント洗い越し工

①上下流から大きな石を運び吐き口の堤（手前の大石）を築く

②丸太を沢の水流に並べ、徒渉点をつくる

④徒渉点の丸太の上にヒノキの伐採枝葉を大量に敷き詰める

ケヤやソダを使った造成は昔の農業でも用いられたそうです

③池の下流側に根株を並べて埋め緩衝材とする。大雨のとき流木等が流れてきても、ここで引っかかる

⑤敷き詰めた枝葉の上に土をかぶせ、転圧をかける。平常時は暗渠になって流れる「洗い越し」工の完成

④⑤
②
③
吐き口
沢
池
徒渉点
①
カメラ位置

急傾斜地での洗い越し

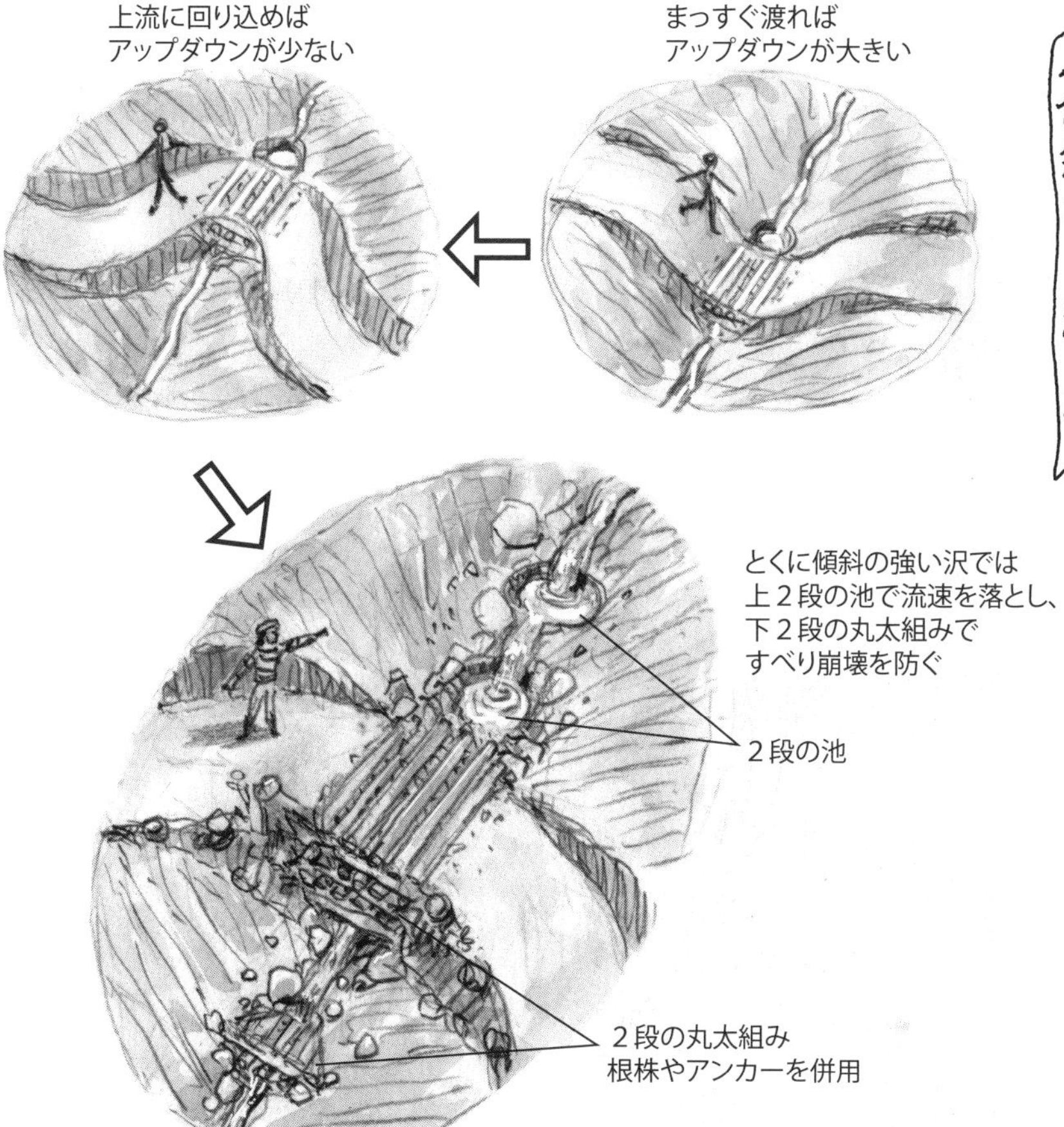
上流に回り込めば
アップダウンが少ない
まっすぐ渡れば
アップダウンが大きい
とくに傾斜の強い沢では
上２段の池で流速を落とし、
下２段の丸太組みで
すべり崩壊を防ぐ
２段の池
２段の丸太組み
根株やアンカーを併用

出番を待つ大根株や大石たち（左ページの工事で使われたもの）。これらは従来の林道づくりでは廃棄物だが、四万十式では最も重要な材料の一つ。もともと山の自然素材なので、土木構造物として環境を害しない。むしろ魚や小動の新たな隠れ家をつくる

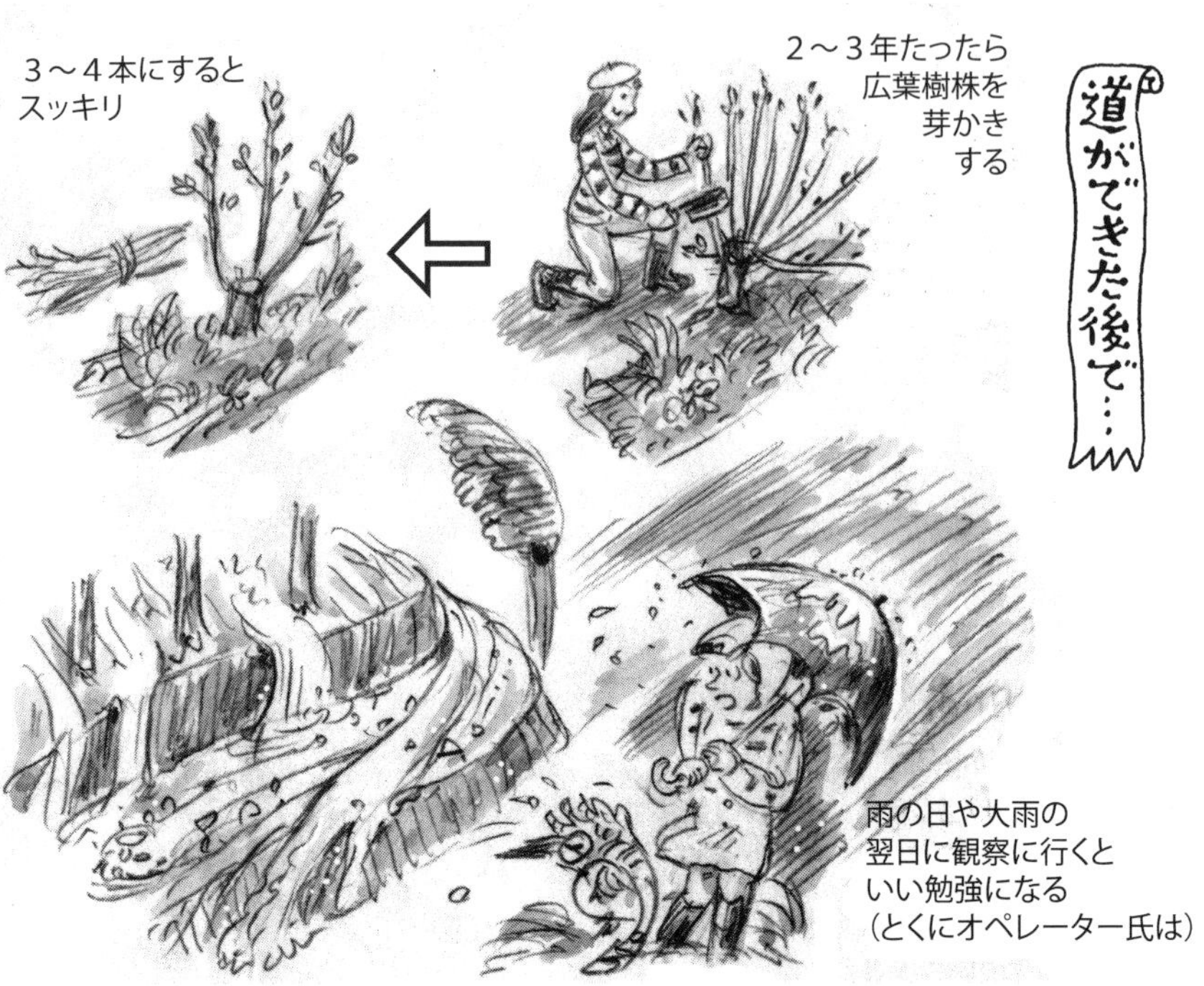
道ができた後で…
2〜3年たったら
広葉樹株を
芽かき
する
3〜4本にすると
スッキリ
雨の日や大雨の
翌日に観察に行くと
いい勉強になる
(とくにオペレーター氏は)

6 林道開設後の注意点とメンテナンス

乾湿と雨に注意

林床の暗い荒廃林の場合、林道開削後に道ぎわの間伐だけは済ませておく。道ぎわの植物が元気になり崩壊を防ぐとともに、林道が乾きやすくなる。田邊さんの四万十町では開設後、雨の日に軽トラなどで、路面を踏みに行く。路面補強に行くのである。レキ混じり粘土層（74ページの土）では、こうすることでレキがおさまりのいいカタチに食い込み、落ち着き、表面の粘土が水に洗われることで、石畳のような強固な路面にすることができる。

作業者も道を育てる

同じ轍《わだち》が深くならないように、空荷のときはややのり面近くをわざと通るようにするなど、伐倒や運

道ができた後で(2)

みんなで道を育てる
空荷のときはわだちを外して路肩側を通る

高い切土が崩れて、丸太組みで補修した例。基部を上げることで土圧が軽減できるので、これ以上崩れにくくなる

スミレ
ツツジ
見回りで新たな野草と出会うのもまた楽しい

搬の際にも、つねに林道のメンテナンス、そして観察を怠らない意識が大切である。

のり面に埋められた広葉樹株は数年で萠芽枝が混み合ってくるので、二〜三本に整理するとよい。

補修もしやすい四万十式

道は長年のうちに雨に洗われ、土の部分が流れ、痩せて沈んでいく。四万十式はその補修も簡単だ。道はつねに補修を繰り返しながら、進化していくと考えたほうがよい。もし最初からコンクリートで路面を固めてしまったらこれができない。

使っているうちに、変更を加えたくなることもある。傾斜がきつ過ぎたら、バックホーで高い場所の路面を削って、低い場所に土を移動し、「斜め踏み」で転圧する。カーブの半径が狭すぎたら、表土ブロック積みを追加して盛土を高く修正したり、切土を広げて幅員を広げることも可能だ。

崩れた路面の補修

路面が崩れたら、丸太組みを使っていったんベースを高くし、そこから盛土を積み直すといい。ベース自体がどこまでも不安定なときは。ずっと下から何段階にもわたって丸太組みをつくるか、山側の奥に切り込んでいくしかない。軌道時代には丸太で桟道などもつくられたが、本書では省略する。

補修にはバックホーの進化した機種、丸太を挟んで自由な方向に動かせる「ザウルス」などは最適だ。

グラップルとバケットを併せ持つ機種「ザウルスロボ」。開発製造は松本システムエンジニアリング㈱（TEL. 092-931-5111）

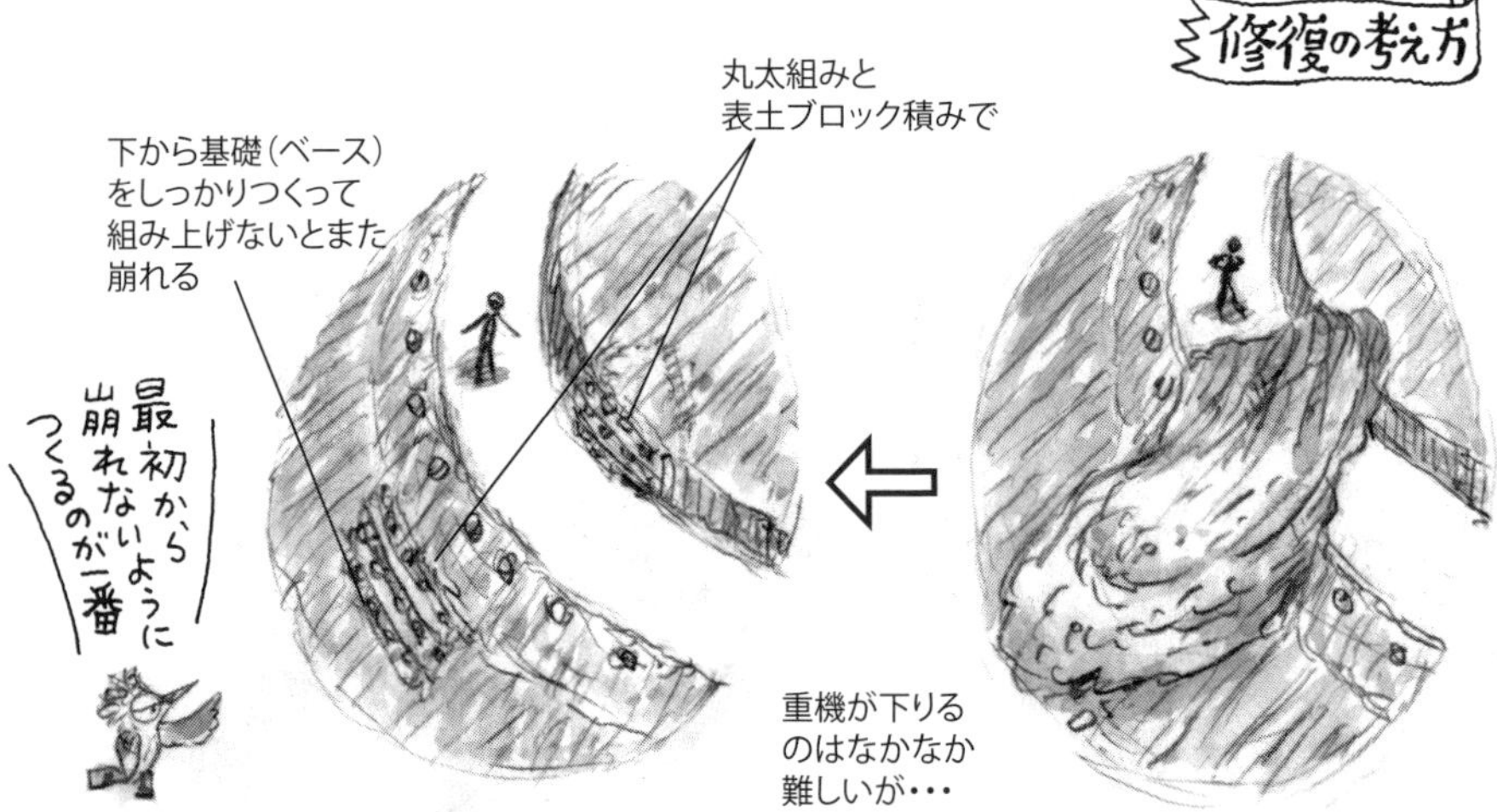
修復の考え方
丸太組みと
表土ブロック積みで
下から基礎（ベース）
をしっかりつくって
組み上げないとまた
崩れる
最初から
崩れないように
つくるのが一番
重機が下りる
のはなかなか
難しいが・・・

第5章　各地で進む四万十式作業道　事例紹介

人それぞれ、地域それぞれ条件がちがう中で、四万十式作業道のノウハウをどのように適応させたらよいか、人材の育成も含め、そのヒントをここに集める

1 台風常襲のゴロタ山でも崩れない道——宮崎県木城《きじょう》町

九州森林管理局主催の現地研修会

平成十九年に築城四〇〇年を迎えた熊本城。日本三名城の一つといわれるこの城を築いたのは加藤清正公。彼は武勇・政治にも優れたが、土木工事の天才でもあった。自ら陣頭指揮にたって工事にあたり、独特の治水技法などを編み出したことはつとに有名である。その城下、熊本市に林野庁の支部「九州森林管理局」はある。

平成十八年に「森林・林業基本法」が閣議決定され、林野庁は従来の方法のみでは間伐困難な状況を打開するため「低コスト・高効率の作業システム」を打ち出した。その実現のためには簡易で耐久性が高い道づくりが重要だが、そのモデルとして九州森林管理局では、四万十式作業道を採用し学ぶことになった。

平成十七年十一月、宮崎県木城《きじょう》町の国有林（管轄は西都児湯森林管理署）で、田邊さんらを講師に四万十式作業道の現地検討会が行なわれた。検討会の参加者は、九州全土の管理署から集まった所員や国有林で作業する事業者など、三日間で三五〇名にもおよび、田邊さんとバックホーオペレーターの中川さんのチームが作設する技術を見守った。

翌、平成十八年五月にはふたたび同所（木城町の国有林）で「低コスト路網整備研修会」が行なわれ、全国の森林管理局職員や林業関係者ら一六〇人が参加した。

ゴロゴロ石と赤土の山

作設場所は木城町の傾斜が三〇～三五度ある山中で、人の頭ほどもある角の取れた石がゴロゴロと出るきわめて難しい条件下である。田邊さんたちも大勢のギャラリーの前での実演とあって苦労されたらしい。

田邊さんらのホームグラウンド高知県と同じように、九州全土は台風が頻繁に通過する。これまでに台風による森林被害は何度も受けているが、林道崩壊もまたよく見られた光景であった。切土中心のつくり方で、残土を斜面にそのまま置いてしまい、大雨のときそこから崩れる。また切土も高くなるのでのり面が崩れやすい。したがって「雨に強い」ということが、四万十式採用の一番の要求であった。

また木材も、「どう高く売ろうか？」という売り手市場から「どう買ってもらうか」という買い手市場になっている。分収林以外、皆伐はほとんどなく、間伐や択伐を続けながら買い手の市場に安定供給するシステムが求められている中で、長く使える作業道が重要になっている。

▼四万十式作業道２年目の姿

既設林道からの入り口に丸太組みを使って補強。丸２年たってカヤに覆われ、丸太はわずかしか見えない（○印）

「雨に強い」を実証！

最初の作設から丸二年が経過しようとする平成十九年の十月十二日、木城町の現場を西都児湯森林管理署の方々に案内していただいた。

既設林道からいきなり斜面が立ち上がるので、入り口は丸太組を使って斜めに登り始める。その丸太組みにはすでにカヤなどの植生が回復し、丸太は一部しか見えていない（上のの写真）。

今年も大型の台風

が通過した。路面は多少荒れているところもあるが、雨水で深く掘られたような形跡はなく、大きな崩壊はまったくない。

斜度三〇度の尾根をS字カーブで登り、そこから等高線に平行な支線を延ばすというスタンダードなルート採りで、研修会の後に地元のオペレーターが延ばしていった箇所もある。

その新規に延ばしたところも、切土は忠実に低く保たれ、根株と表土ブロック積みが丁寧になされていた。ただしS字は難しかったらしく、やや狭くなってスイッチバック状になっていた箇所もあった。

田邊さんと中川さんがつくったS字は、カーブが尾根から飛び出すところでは根株が幾重にも積まれ、かなり高い盛土になっている。まるでテトラポットを積み重ねたようにも見える（左ページ写真）。

林道を入れる前は間伐がかなり遅れて下層植生は少なかったようだが。間伐された林内には緑が戻りつつある。盛土部はゴロ石を無造作に積んだように見えて、実は表土や生きた広葉樹根株などを丹念にはさみ込んである。それがじょじょに威力を発揮しているのである。

同じ林地に、筋状にカシ類がしっかりと繁茂している場所がある。かなり前に列状で間伐した跡だという。この見本林も次回の間伐の頃にはすばらしい混交林（環境林）に変わっていくだろう。

ゴロゴロ石の土質でつくられたS字カーブ。崩壊はまったく見られない

クローラー搬出の作業道こそ必要

急峻かつ雨量の多い日本の山で作業道を入れるには、道幅が狭くあるべきで、必然的にクローラー（キャタピラで走る）型の林業機械の搬出法にたどり着く。この手の作業道はまだ詳しい調査・研究の前例がない。高性能機械による搬出の先進国である北欧諸国などとは、地形や地質、雨量条件が違い過ぎるのだ。

「失敗も当然あるでしょうが、今後も四万十式を積極的に導入し、局の全署内に作業道作設の見本林をつくる予定です。難しいのはやはりＳ字カーブですね」と、九州森林管理局整備課の担当者は話す。

福岡や長崎、鹿児島でもすでに四万十式の作業道づくりは始まっており、民有林にも広げたいと考えている。同局では作業道研修会の映像をもとにＤＶＤやテキストを独自でつくり、四万十式に関心の高い個人や団体に有償で配布している。詳しい内容・問い合わせは、

http://www.kyusyu.kokuyurin.go.jp/topic/teikosutoromou.htm

teikosuto-dvd/

を参照されたい。

根株と丸太アンカー工法、そして表土ブロック積みで積み上げられたＳ字カーブの高い盛土のり面。四万十式の真骨頂

2 黒ボク土の出る山で
――岡山県新見市・用郷山国有林

崩れやすい火山性土「黒ボク土」の山

平成十八年、八月二十八～二十九日、近畿中央森林管理局の主催で「低コスト路網現地検討会」が行なわれ、管内から林業関係者ら約二〇〇名が参加した。

中国山地は花崗岩が多く、古くから人の手で開発されているために瀬戸内側は雨が少なく森林土壌も貧弱でスギ・ヒノキが育ちにくいものの、内陸部と山陰側は降雪の影響もあって人工林地帯が多い。田邊さんらによる作業道づくりの実演が行なわれたのは、高梁川水系の用郷山国有林で鳥取県境に近い標高九〇〇 m ほどのスギ・ヒノキ林地（四四～四五年生）である。

既設林道の切土を観察すると、土質は岩石混じりの粘土（ローム）だが、今回の作設場所は表土の下層にすぐ黒ボク土と呼ばれる黒い層があり、また、ときおりバックホーでは動かせないほどの大きな岩が地中から現れるようなところである（林内にも庭石のように点在する）。

黒ボク土は火山灰が年月を重ねて多量の有機物を

黒ボク土の中に現われる大きな岩を取り除く。オペレーターは中川氏

含んだもので、粘性が少なく、乾燥するとポクポクと簡単に形が崩れてしまう。同じ火山性の土でも粘土は粒子が細かく水を含みやすいので、なかなか崩れない。ただし作設予定地の黒ボク土は、粘土の上に載っていて層はそれほど厚くなかった。

二年後もしっかり盛土の崩れなし

著者らは、「検討会」の一週間前に行なわれた田邊さんらの現地踏査と作業道開設に同行させてもらった。

新見の現場で監督中、自ら前伐りもする田邊さん（左）

現場は比較的ゆるやかな斜面だったので、切土は高くならず、盛土も安定して黒ボク土の弱点は見られなかったし、開設スピードも早かった。途中で出た大きな岩石は、盛土の補強に使ったり、涸れ沢の洗い越し下部の補強に使い、また使いきれないものは路面の中に埋めたりしていた。

のり肩に埋められた広葉樹根株が萌芽していた

翌年の平成十九年十月十六日、新見市にある森林技術センターの案内で二年目の様子を観察した。切土の下部にわずかな崩れが生じた部分も見られるが、大きな崩れはまったく見られない。ここは作業道開設後にまだ間伐と搬出を行なっておらず、搬出作業車が通った形跡がない。またこの年は、この地方では大きな台風が通過しなかったこともあり、路面の荒れもほとんどなかった。

間伐前なので下層植生の回復はまだまだだが、盛土に埋めた広葉樹の根株から萌芽している姿がみられた（137ページ下の写真）。また既設林道から作設開始した場所は、沢の斜面から盛土を載せていたが、丁寧な床均しと表土ブロック積み、広葉樹根株の萠芽を見越した埋め込みが効いて、クラック（亀裂）などは見られずのり面の植生も回復している。何年も前からここにあった道のように、森にとけ込んでいた。

S字カーブの逆カント部分。カーブで膨らむのを見越し、道幅も広めに

既設林道は倍の工費

新見市内にある森林技術センターでは、すでに平成九年から「低コスト作業道の設計と施工」に関する実証試験を行ない、モデル作業道ができている。その作設手順は、伐開幅を最小にし、先行伐開は避ける。バックホーで粗道を開設し、丸太組み構造物を使う。そして軟弱地盤には生石灰を混ぜて硬化させるという方法もとられている。新見市は石灰岩地帯で生石灰が安価に入手できるのだ。

タワーヤーダー集材、四ｔダンプ運搬を前提とした幅員三ｍの道で、開設単価は約三九〇〇円／ｍという。これは四万十式のほぼ倍額だが、丸太組みを多用すると、どうしても単価が高くなってしまうのだ。

施業体系の見直しも

岡山では比較的ゆるやかな山が多いせいか、すでに高性能林業機械のプロセッサーや、スイングヤーダーなどを使用している民間企業があり、そうしたところではこれまでは皆伐中心か、間伐でも列状間伐が主体のようだ。

高性能機械は〇・四五クラスの大型重機がベースなので、四万十式林道を開設するには小さめの重機を新たに買うか、リースしなくてはならない。現在使用しているスタイルを継承するには、四万十式作業道の道幅はやや狭いという現実がある。

上は、既設林道からの取り付き。すでにここから丁寧な表土ブロック積みが行なわれている。下は、1年2ヶ月後の同所の様子

列状間伐にスイングヤーダー集材はたしかに有利だし、グラップル集材に比べ路網密度も一五〇ｍ／haですむ。しかし車重が重く、値段が高く（グラップルの約倍額）、ワイヤー荷掛けが必要なので作業効率がやや落ちる。またそれら大型重機に合う道幅では、土工量が大きくなり、路面に雨を受ける面積も大きく、作業道の開設・管理コストが高くなるのだ。

そもそも列状間伐は、間伐経費の削減には有効でも、経済林として長い目でみた場合は決してベストではなく、環境林としても風害や雪害などのリスクがある。今後、間伐・択伐施業が日本林業の主軸になると考えれば、間伐法の考慮から重機の選択まで含めた、トータルコストとしての四万十式への転換も考えられるだろう。

3 破砕帯の山に道をつける
――高知県いの町本川地区

破砕帯の山も克服

四国には「中央構造線」とよばれる断層がある。徳島の吉野川から佐多岬まで人工衛星画像からも明瞭に見え、その両側は和歌山から九州まで、長さ1000㎞にもおよぶ日本列島におけるもっとも長い断層である。その中央構造線の南側にも御荷鉾（みかぶ）構造線などいくつかの断層があり、四国の中央部は断層だらけと言っていいだろう。

その地質は、過去の断層運動によって岩石が機械的に破壊され、ぼろぼろに崩れる地層が多い。これを破砕帯とよぶが、この層はまた水の通り道にもなり（写真）、道をつくるには厄介な場所である。

高知県いの町本川地区は、吉野川の最源流部にあたり、地質的には破砕帯の山である。ちなみに、田邊さんらの四万十式作業道のホームグラウンドである四万十町は、この構造線から南に外れた地域であり、基岩は海性の堆積岩で、同じ四国の高知県とはいえその土質は本川地区とは大きく異なる。

断層の山、破砕帯の山は岩質がもろく、盛土には向かないといわれ、「静岡の糸魚川・静岡構造線」の山で林道づくりをしている友人の話では、切土中心で盛土が使えるのは全行程の三割程度とのことだった。

田邊さんらは最初この土質の違いに難渋されたそうだが、四万十式はこの破砕帯の山も克服してしまった。

圧縮と熱変成でつくられた変成岩。層状にボロボロ崩れる。内部に粘土層が混じる破砕帯の典型

丸太組みと根株（ワイヤーでアンカー止めしている）で構築された洗い越しの吐き口。通常は路面下を伏流する

度肝を抜く二段の丸太組の洗い越し工

幸いこの山は粘土層も多く、その中に破砕の岩が多層状に入り込んでいるという地質だった（もっとも、すべてが破砕の岩なら木は植えられない）。粘土混じりであれば基礎の床均しも効く。ベースさえ崩れなければ、あとはどんな地質であれ根株埋め込みと表土ブロック工法で強固な盛土はつくれる。

最初の作設は平成十八年の一月だった。その作設からおよそ一年九ヶ月後（平成十九年十月十日）の現地を視察した。

まず度肝を抜かれたのは最初の洗い越しだった。およそ沢筋とは思えない地形に細い水溝が穿たれているのは破砕帯ならではだが、その河床を丸太組みと岩石を組み合わせて五ｍは上げている（上写真）。

このような急傾斜の破砕帯では基礎下の地盤が抜けることがある。そこでさらにその下に小さな丸太組みをつくって補強をしている。これは、豪雨のとき水の勢いを止める落差工の役目も果たす。いわば自然素材による堰堤（擁壁）のようなものだ。もちろん上流側には池をつくって水勢を殺している。ワイヤーでアンカーをとり、根株による補強も十分。広葉樹も差し込んで水みちの両側は緑化が始まっており、見事な構造物だった。

植生回復が守る盛土

間伐も進んで明るくなっているせいか、のり面の植生もしっかり回復していた。とくに埋め込まれた根株の周囲に広葉樹の木本類が芽生えているのが印象的だ。中にはササが生えコケが地面を覆っている

写真上、低い切土が保たれ、盛土側は緑化が進んでいる。写真下、のり肩に埋められた根株と周囲の緑化状況。ササも根づく

ところもあり、約二年前の施工とはとても思えないほど周囲に馴染んでいる。

路盤がまるで砕石をまいたようになっているのは、破砕帯という条件ゆえだ。バックホーで掘れば小石が砕石状にいくらでも取り出せる。これは路盤材として最適の素材なのだった。その砕石の路盤の灰色と、道の両側の緑の対比が印象的である。

切土は低く保たれているが、傾斜のきついところでは少し崩壊している箇所もある。それでも安定勾配で落ち着いており、表面はすでに自然緑化が始まっている。

道は意識的にアップダウンが施され、丸太による水切りもところどころに現れる。S字はもちろん逆カント。路肩の崩れもみられない。

破砕帯は水が豊かで、かつ水はけがよい場所なので、植物がよく育つ。そして心土から砕石が簡単に得られる。表土や「生き根株」を盛土に徹底利用し、砕石を路面にまくという、細心の注意を払った素材の使い分けが、道の強さを決定づけているようだ。そうすることでまた、長期的にみた大幅なコストダウンが可能になるのだ。

4 優秀なオペレーターが育つ道づくり——和歌山県日高川町・㈲原見林業

全切土のつくり方より、早く安い

和歌山の㈲原見林業は、日高川町（旧中津村）に約四八〇haの山林を経営している。従業員はみな若く、八名のうち二名が女性である。著者が訪ねた平成十九年十月十九日には高性能林業機械のデモンストレーションが行なわれ、その若い女性従業員が見事に機械を操作していた。

四万十式作業道を作設し延長を続けている従業員の湯川哲生さんは三〇歳。一七歳のときから地元の土木会社でバックホーは運転していたが、五年前から原見林業で道づくりを始める。

平成十九年一月に行なわれた和歌山県主催の四万十式作業道の作設講習会で田邊さんから直々に指導を受けた。その年の四月、本拠地の四万十町に数日の研修に行き、現地では逆に他県からの研修生に指導する立場になったというから、田邊さんによほど見込まれたのであろう。

実際、湯川さんに詳しく話を聞いてみると、実に四万十式のツボを心得た理解度に驚かされた。

「最初、四万十式の話を聞いたときは半信半疑でした。しかし、実際に見て、自分でやってみて、これは実に合理的・画期的な方法だと思いました」

それまで、原見林業では「全切土」の道づくりだった。全切土とは盛土をほとんどしない。しかし四万十式は丁寧に土を移動し、積みながら前進するので、土木の経験者にはまどろっこしく、スピードも鈍るのでは？　と訊いたら、意外な言葉が返ってきた。

「自分で盛土を積んでいるから、強くて安心なんですよ。それに以前の方法より四万十式のほうが早く安くできるんです」

全切土なので路面は強いが、切土高が高くなり、残土が大量に出る。その残土はトラックに積み、荷台がいっぱいになったところで残土捨て場に運ぶ。残土は近くの谷に置き場をつくり、そこはやがて均されて機械置き場、木材置き場などに使う。という仕事パターンだった。トラックが空荷になってUターンしてくるまで一〇分ほどの待ち時間があるの

原見林業の若き二人。写真左、前伐りの片山龍さん（31歳）と、写真右、バックホーオペレーターの湯川哲生さん（30歳）

で、重機が動けない。結果的に効率の悪い方法だったという。しかも四万十式を導入することで、単価は以前の半分以下になった。バックホーはフル活動になり、かつトラックと運転手の経費がなくなるのだから当然かもしれない。

盛土を「立てる」技術が可能

実際につくられた作業道を見せてもらった。四万十式は平成十九年春に作設したものだが、すでにのり面の緑化が始まっている。トラック用に道幅をやや広くとっていることもあり、切土はやや高めだが、そのようなところは勾配をとって崩壊を防いでいる。

盛土の角度が立っている。「うまいオペレーターなら盛土は根株がなくてもかなり立てることができる」と田邊さんがいっていた通り、湯川さんはここの土質なら二分（高さ一ｍに対して水平距離二〇㎝）まで立てることができるという。

なぜこれが可能なのかというと、四万十式の盛土は、これまでの「残土を落としたものを叩いて均す盛土」とは、根本的に違うからだ。四万十式では床均ししたベース（平面）に、転圧を繰り返しながら表土と心土を繰り返し積んでいく。まず、この転圧の層の「薄さ」と「丹念さ」が違う。そして表土に含まれた根の繊維が「ジオテキスタイル工法」と同じ原理で、土の内部から崩壊を防ぐ補強材になってくれる。しかも、のり面緑化する植物の根が、生長しながらそれを補完していく。湯川さんは言葉では説明しなかったが、直感的にそれを理解しているように思われた。

　盛土を立てる技術があれば、急斜面でも切土高を抑えながら道幅を確保でき、しかも移動土量を最小限にできる。のり面の緑化が組み合わされば、それはもっとも山を傷めない方法なのだ。

二ｔダンプも通れる道

　原見林業では現在、クローラータイプの林内作業車ではなく二ｔダンプで搬出している。土場までの距離が一km以上あり、クローラータイプでは速度が遅すぎるからだ。そこでカーブなどは四万十式よりも半径を大きくとり、勾配もゆるめにしなければならない。また、運転時に滑ると恐いのでカーブの逆カントはつけず、水切りによって排水の工夫をしているという。

　道のルートは社長の原見健也氏がおよその方針を出し、細かなところは湯川さんと前伐りの片山さんに任される。図面も描かないのだが、もっとも難しいＳ字カーブの土移動も感覚的によく理解されている。

「ウチはトラック集材なので四万十のようなＳ字ではないですが、土木でいろいろな工事を経験してるんで、土量移動の目測は効きますよ」

　失敗もあった。破砕された岩の上に粘土層が載っ

四万十式の技術を巧みに活かし、丸太組みを併用しながら、急斜面を低い切土で克服した原見林業の作業道。この道づくりを湯川さんはわずか数ヶ月でマスター

た地盤で、盛土の基礎の下から崩壊してしまった。今は、最初の床掘り床均しの感触（機械のアームから伝わる振動）から、危ないところはわかるようになってきたという。

「中川さん（四万十町で田邊さんとチームを組むバックホーオペレーターの中川松勇氏）の技術は凄いですね。まだまだ学びたいことがたくさんあるんですよ」と、湯川さんは向上心も忘れない。山の自然が大好きだそうで、趣味は「磯釣り」だそうだ。

四万十式の盛土技術でつくられた土場。重機が載って安心な盛土の路肩

　社長の原見氏が、機械のデモンストレーションの合間に飛んできて熱弁を振るった。

「機械化された林業は、これからの若い人に大きな可能性を与える仕事。でも言われたことだけしかできないようじゃダメ。自分で考えてその先ができる人はどんどん伸びるよ」

　丁寧であること、誠実であること、自然が好きであること、自分で考え動き、その責任がとれること、これが作業道づくりのオペレーターの重要な条件であると思う。そのセンスが「活かされる場」は、いま日本の山村に無尽蔵に残されている。

後継者を育てる原見健也社長。若い感性を尊重する指導者もまた大切

5 低い切土が生きた！ 軽石層でも台風被害に強い道
――群馬県安中市・増田山国有林

台風九号の猛威

年々気象状況が激しくなる中、平成十九年九月五〜七日に関東地方を直撃した大型の台風九号は、著者が住む群馬の山村にも大量の雨をもたらした（三日間の総雨量六〇〇〜八〇〇㎜）。近くでは道路が崩壊して通行不能となり、付近の林道はことごとくが何らかの崩れをみせていた。地元の年寄りに聞いても、「長年ここに住んでいるが、こんなに降ったのは初めて」という。孤立した数日は消防団が非常食を届けにきた。

これ幸いに（？）道を観察に行くと、ふだんは涸れているような沢にも大水が出て、土砂が暗渠を塞いで道に溢れている、という典型的なものから、盛土部がごっそり滑落というダイナミックなものまで、雨による破壊度をまざまざと見せつけられた台風であった。

近くに森林組合が最近つくった丸太組みの作業道があって、注目していたのだが、路肩に穴があき、丸太組み上部の路面全体が沈下しているのだった。

当地はまた庭石「三波石」の産出で有名だが、地学の標準名称になっている「三波川変成帯」「御荷鉾

平成１９年、台風９号が直撃。筆者の住む群馬県藤岡市の山間部では３０カ所以上の土砂崩れが発生、道路を寸断した

中央構造線と同じ岩石分布をもつ破砕帯の山で、

構造線」は、近所の三波川や御荷鉾山から名付けられている。

　同じ群馬県の松井田町にある国有林を思い浮かべた。ここに昨年、田邊さんらが作業道をつくり、それを地元のオペレーターが引き継いで道を延ばしていたからである。この雨でどうなっているだろうか？

二一ha、四・九㎞、林野庁のプロジェクト

　平成十八年八月七〜八日、関東森林管理局の主催で、田邊さんらを講師に招いた「低コスト路網整備現地検討会」が開かれた。場所は群馬県安中市松井田町、増田山国有林。関東で初めての四万十式の講習会であり、林野庁長官の挨拶セレモニー付きという大々的なイベントであった。

　この関東森林管理局の取り組みで注目されるのは、これが一過性のモデル事業ではなく、二一haの林地に四九五〇ｍという作業路の開設延長計画をもった、一つのプロジェクトだということである。

　猛禽類の繁殖地でもあるため、事前のモニ

写真上、下りながら急斜面のＳ字カーブをつける中川氏。写真下、林野庁長官（当時）川村秀三郎氏に施工の説明をする田邊さん

タリングを実施し、事業後も専門家と意見交換を予定するなど、環境への配慮もなされている。また、管内のプロジェクトチームが独自にルートを考え、それが実際に木材売り上げにつながる実質的なものだというところにも、林野庁としての新たな取り組みに対する意気込みが感じられる。

　地質は火山灰土（ローム）に石混じり、上層に黒ボク土が出るところ、浅間山噴火由来の軽石層（鹿沼土によく似たもの）が出るところがある。

　この軽石層がくせ者で、風化花崗岩土のマサのようにサラサラと崩れるのは黒ボクの比ではない。しかし、その層は部分的で薄く、切土が低い工法ということが幸いして、大きく崩れるところもなく、田邊さんたちの作業道作設の現地検討会は順調に行なわれた。

　その後、現地検討会にも参加していた地元の請負事業体が、田邊さんらの後を引き継ぐかたちで道の延長を進め、併せて間伐・集材・搬出を行なっている。

台風直撃でも崩れない

　最初の作設から丸一年が過ぎ、大型台風の直撃を受けた直後の平成十九年九月二十四日、この現場に行ってみた。林道入り口にたどり着くまでの国道で、すでに崩壊箇所があり、路肩にトラロープやカラーコーンが置いてあるところがある。

　しかし、この四万十式林道の現場は、これまで何度も観察に行っているが、このときも崩れなど大きな変化は見られなかった。一部、切土で小さな崩壊がみられたが、黒ボク土や軽石層が小さく崩れたところは安定勾配で止まっており、すでに草が生え始めている。

　道をつける前の急斜面を見て「ここに本当に崩れない道ができるのだろうか？」と不安になり、そこに丸太アンカー工法で見事な道を通した作業の一部始終を見ているだけに、感慨も大きかった。

　ただし田邊さんらがつける以前の既設の作業道は、轍《わだち》が大きく掘られていたり、水たまりが残っていたりして、対照的であった。

　道を受け継いだ地元の請負事業体も四万十式をよく理解し、丁寧な道づくりをしているのが感じられた（数カ所の洗い越しもこなしている）。道づくりから間伐・搬出まで一貫した請け負いだが、事業としては黒字であったと、後から聞いた。

「もし、この道づくりを早くから採用していれば、林野庁はあれほどの赤字を出すことはなかったで

写真上、切土の軽石層が崩れたが安定勾配で止まり、すでに草が生えている。

写真右、間伐・出材を終えて広葉樹が生き生きと茂り、作業道が落ち着きをみせる

しょうね……」

何度かの現地視察で終始有益なアドバイスをいただいた関係者の言葉が忘れられない。

林野の新しい風

四万十式作業道普及の仕掛人の一人である森林総

台風９号直撃後の松井田の作業道。丸太アンカーを併用したもっとも急斜面の施工場所だが、まったく損傷なし

四万十式工法の特徴

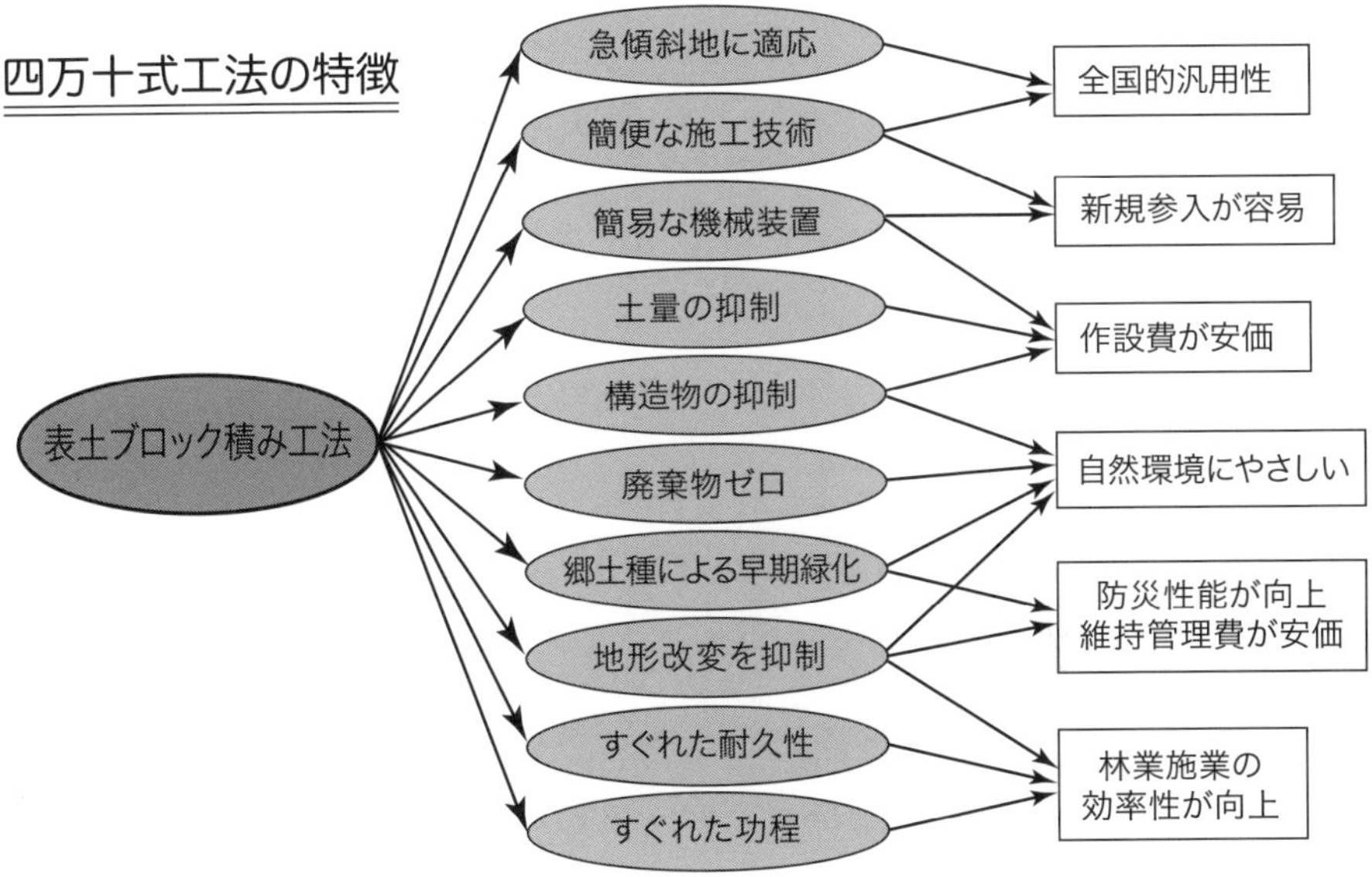

表土ブロック積み工法
急傾斜地に適応
簡便な施工技術
簡易な機械装置
土量の抑制
構造物の抑制
廃棄物ゼロ
郷土種による早期緑化
地形改変を抑制
すぐれた耐久性
すぐれた功程
全国的汎用性
新規参入が容易
作設費が安価
自然環境にやさしい
防災性能が向上
維持管理費が安価
林業施業の
効率性が向上

中岡茂『林政ニュース』No.303 平成18年10月25日号20ページより

合研究所の中岡茂氏（現・関東森林管理局群馬森林管理署長）は、『林政ニュースNo.３０２～３０９』（日本林業調査会）の連載の中で、「四万十式道づくりは、土の匂いのする技術であるが、そのやり方の合理性に驚かされることが多い。それこそが、四万十式道づくりが林業再生の切り札と信じる由縁なのである」と書き、表土ブロック工法について「この方法に弱点はあるのだろうか」とまで言い切っている（上図）。

これまで、さまざまな批判を浴びてきた林野行政だが、いま間伐収穫と環境保全、そして低コストという、時代のニーズにも応える最良の解を見つけ、その実践に全力を傾けている人たちがいることを、この現場で知り感銘を受けた。

関東森林管理局ではホームページに「低コスト路網」のコンテンツを設け、現在の状況を写真で紹介している。

http://www.kanto.kokuyurin.go.jp/works/lowcost/index.html

6 豪雪地帯の東北の山に道をつける——山形県白鷹町

水を含んだ土との戦い

平成十九年七月二十六〜二十七日、山形県・東北森林管理局山形森林管理署・山形県林業労働力確保支援センターの主催で、白鷹町浅立地内において「低コスト森林作業システム研修会」が行なわれた。

参加者は森林組合・素材生産業者・建設業者・市町村・県・国関係者ほか約二〇〇名。田邊さんはこの前日、前々日と、岩手で同じような講習会をこなしてからの山形入りというハードスケジュールである。

雪の積もる東北地方で、四万十式はどんな注意点やメリットがあるのか、というのが今回の研修会の焦点だった。

岩手、山形、両研修会とも、今回は四万十町からは田邊さん一人。オペレーターはいつもの中川さんではなく、現地のオペレーターに直接教えながら指導し、それを一〇〇人以上の見学者が取り囲むというものである。

これは田邊さんとしてはかなりキツい仕事であろう。その日、初めて会うオペレーター氏がいったいどの程度の腕を持っているか、どんな性格なのか、手合わせするまでわからないからである。

岩手では最初用意された重機が、〇・四五クラスと田邊さんの指示したものより大き過ぎ、作業は難渋した。盛岡市内のゆるやかな山であり、黒土の表土がかなり厚いところがあるので、重すぎる重機の自重で前後に転圧するたびに、轍《わだち》が掘れてしまい、やがて盛土ののり面が膨らんでしまうのである。

雪の積もる東北の山は一般に沢水が豊富である。根雪が遅くまで残るために、豊潤な水が途切れることがない。それが、周囲の土に影響を与える。場所によって土の含水率が高く、へたをすると小雨時に作業しているような状況になる。

岩手では、田邊さんは根株と丸太アンカー工法を多用して盛土の膨らみを抑えることで乗り切った。すぐに小型重機を手配させ、翌日はその重機で洗い越し工を指導した。

ヤマメが棲める洗い越しの池

田邊さんがいままで経験した中で、もっとも水量豊富な場所を渡る「洗い越し」が行なわれた。しかし流れはゆるやかだ。沢の石を掘り起こし、支障木を並べて河床を上げていく。工事中は濁流となり、ギャラリーには女性もいて、彼女たちの頭に「自然破壊」の四文字が浮かんだことは想像に難くない。

が、イベントの終わりに田邊さんが今回の感想などをスピーチしているうちに水は澄んで、その池はヤマメのすみかになりそうな清らかな深みになっている。その後、洗い越しを前に、談笑にも近い質疑応答がみられたものだった。

なだらかな山に豊富な水量が流れる岩手の山（盛岡市）。洗い越しは上流に池をつくり、流速を落としてから自然に溢れるように水を流す

雪水の負担が少なく有利

山形の研修会場では、林野庁の担当企画官が事前に現場入りしてルートが決められ、すでに現地には道が延びていた。九州森林管理局にいた時代から、田邊さんの技術を高く評価し、四万十式作業道を推進してきたその企画官氏が開会式で、「これからの時代、腕を組んで見ているだけの人は必要ない」と厳然と言い放った。

すでにできた作業道の中で、道を切ったときに伏流水が流れ出したという場所に、丸太の洗い越しが設けられている。山肌を見ただけでは予想できない水の流れが潜んでいるのである。これが雪国なのだ。

写真上、湧水を暗渠（丸太を並べたもの、増水時には越流）で施工

写真左、急斜面での盛土。床堀りが深く、２段階で積まねばならない難易度の高い工法。細かく指示する田邊さんとそれに応えながら体得する地元の若いオペレーター氏

ここ白鷹町の山中では一～一・五ｍほどの積雪があり、例年五月まで根雪が残る。最上川をはさんだ対岸の朝日連峰はこの倍は積もるという。

作業道に関して言えば、この雪はのり面に加重をかけて、道を崩す要因になる。垂直の切土と、盛土が自然緑化となる四万十式は、この点でも有利であろう。

急斜面で複雑な工程をこなす

終点のその先に、三〇度以上ある急斜面の横断が待っていた。見学者も立ち木につかまり、斜面にへばりつくようにして、作業道の開設を見守る。若いけれど、腕の立つ、丁寧さを持ったオペレーター氏だった。田邊さんは細かい指示を出す。それにオペレーター氏が応える。二人の呼吸が合い、オペレーター氏も四万十式の表土ブロックの感覚がわかってきたようだった。

後で聞いてみると、切土中心のつくり方だけでなく、きちんと床掘り床均しをしてから積んでいく盛土も行なっているという経験者であった。ここまでできる人が全国にたくさんいるとすれば、四万十式の理解と普及は早いだろう。

第4章で詳述したように、急斜面での盛土積みはいったん重機を下げて、二段階に積まねばならない（110ページ）。田邊さんの土佐弁の細かい指示を、山形のオペレーター氏が理解しながら、このギャラリーの中で根気よくこなしていくのは大変なことだと思うが、その誠実な姿は感動的ですらあった。

雪に対する四万十式の結論が出るのは数年先だろう。しかし、「オリジナルがつくれなければダメ」「失敗しなければ成功はない」と田邊さんが言うように、四万十式のさまざまなアイデアを元に、雪国の地形や条件に合わせた進化を、この人たちは着実にこなしていくだろうと思った。

道は人なのである。

○

日本の山は急峻にして台風、大雪と、気象的に大変激しい。しかし、それゆえに植物がよく育つ。その植物の根が大地を守る。そのメリットを作業道に活かしたのが四万十式のすばらしいところだ。

一方、山に作業道をつけるということは、数百・数千年かかって蓄積された表土を剥がし、それ以上に古くから眠り続けている心土を開削することだ。それゆえ日本の地形・気象の条件下で、無軌道に道をつけたら、これまた崩れるのは当然なのだ。

バックホーはすばらしい道具だが、一つ間違えると簡単に山を破壊してしまうことを忘れてはならない。

今回、全国各地の四万十式作業道作設地を取材した中で、田邊さんが指導された道がその後、理解のない人の手で無断で改悪された例もみられたのは、残念なことであった。

自然の中には「効率だけがよい」ということは決してない。人が譲歩することで自然はさまざまな恵みを与えてくれる。それを忘れないようにしたいものだ。

あとがき

本書を執筆している途中で、熱帯のジャングルは意外にも表土は貧弱だ、という事実に気づいた。熱帯雨林は昆虫や微生物が多過ぎて、土中の分解のスピードがとても速い。養分がすぐに消費されてしまうのだ(そのぶん樹上に養分が蓄積)。そして毎日のように定期的な豪雨(スコール)があるから表土が流れやすい。一方、寒い亜寒帯の森も表土は貧弱だ。こちらは寒過ぎて、枯れ枝や落ち葉の分解が進まないのだ。それらが長年堆積したまま酸性で貧弱な土壌を形作っている。というわけで熱帯も寒帯も、実は皆伐すれば自力再生が難しいのである。

日本は暑すぎず、寒すぎず、という気候風土が豊かな表土を温存している。雨は多いがスコールのような毎日の豪雨はなく、表土の流出が押さえられる。植物の繁茂はすばらしく、日本の山村に暮らしていると、一年の三分の一は草との戦いになるほどだ。その草木の根がまた表土の流出を守ってくれる。そして草木自身が枯れると(あるいは刈って放っておくと)、自ら表土の原料となっていく。日本ではこのような環境に、スギやヒノキが植えられているのである。

では温帯だからといって、みな表土が豊かで植物の繁茂が旺盛かというと、そうではないのだ。ヨーロッパ諸国などは日照が短い冬に雨が多いので、植物の生育に味方していない。しかも昔から牧畜が盛んで、そのために森を破壊し、表土の貯金を使い果たしてしまった場所が多い。ドイツでは表土のことを「母なる土（Mutterboden)」と呼んでいるが、彼らは森を破壊したがゆえに、表土の重要性を痛いほど知っているのだ。ヨーロッパのある地域では、人工林の中に土地本来の広葉樹を低木層で生やさせ、その広葉樹の落ち葉を針葉樹の養分にする施業が行なわれているという。表土の大切さを知るなら当然の帰結といえるだろう。

日本の人工林では、これまで「植えた木以外はすべて敵視」「良い管理とは雑木が全くない状態」という施業が多くの地域で続けられてきた。木材生産のために管理しやすく、見栄えもよいと思われているからだが、一方で間伐遅れの山は今、暗く鬱閉し、表土を流し続けているのである。

四万十式作業道が「表土」を活用する方法で成功し始めている。本書で著わしたように、この道づくりは林業に恩恵をもたらすと思われるが、もう一つ、この作業道が注目されることは、「表土」の大切さと日本の山の真の豊かさを知る、いいきっかけになるのではないかと思っている。

本書をまとめるにあたって、林野庁関係機関ほか、各森林関係の方々に多大なるご協力をいただいた。ここに具体的な機関名・個人名は書かないが、お会いしたすべての方々に感謝の意を表したい。『現代農業』連載中は、誌面に林道ネタを押し込むために、農文協編集部の三島弘毅氏にずいぶん無理なご苦労をおかけした。単行本編集では同じく農文協の後藤啓二郎氏に、前著同様たいへんお世話になった。末文ながら両氏にお礼を申し上げたい。

パートナーの川本百合子は写真のモデルになったばかりでなく、全国数千キロにわたる取材にすべて同行し、取材の聞き書きや悪路のドライバーを、そしてパソコンでの編集作業もこなしてくれた。彼女の努力がなければこの本も完成しなかったであろう。

そして田邊由喜男さん。よい出会いをありがとうございました。この本を片手に、ますます豊かなお仕事をされんことを。

二〇〇八年一月　　群馬の山村にて　大内正伸

監修者・著者略歴

監修者　田邊 由喜男（たなべ・ゆきお）

1957年高知県生まれ。旧大正町役場在任時代に道づくりを始める。全国の林道づくりを訪ね歩き、その利点を吸収、独自に改良・発展させ「四万十式」と呼ばれる崩れない低コスト作業道づくりを確立。日本の気候風土・山林条件に合致した林業再生の切り札として、多方面から注目を集めている。2009年、四万十町役場を退職し、森杜産業株式会社を設立。

著者　大内 正伸（おおうち・まさのぶ）

1959年茨城県生まれ。日本大学工学部土木工学科卒。イラストレーター・ライターとして自然科学・アウトドア関係、イラストルポ・絵地図等に多くの作品を発表。群馬県での山暮らしを経て、現在香川県在住。著書に『図解　これならできる山づくり』（共著）『「植えない」森づくり』『山で暮らす　愉しみと基本の技術』『囲炉裏と薪火暮らしの本』『「囲炉裏暖炉」のある家づくり』（以上、農文協）他多数。

これならできる
図解　山を育てる道づくり
――安くて長もち、四万十式作業道のすべて

2008年2月20日　第1刷発行
2022年11月5日　第6刷発行

監修者　田邊 由喜男
著　者　大内　正伸

発行所　一般社団法人　農山漁村文化協会
郵便番号　107-8668 東京都港区赤坂7丁目6-1
電話　03(3585)1142（営業）　03(3585)1147（編集）
FAX 03(3589)1387　　振替　00120-3-144478
URL　https://www.ruralnet.or.jp

ISBN978-4-540-08107-1　　DTP制作／神流アトリエ
〈検印廃止〉　　印刷／㈱光陽メディア
©大内正伸 2008　　製本／根本製本㈱
Printed in Japan　　定価はカバーに表示